"十四五"高等学校动画与数字媒体类专业系列教材

Unity 游戏设计微课堂
（入门篇）

张艳鹏◎主编

中国铁道出版社有限公司
CHINA RAILWAY PUBLISHING HOUSE CO., LTD.

内 容 简 介

本书为"十四五"高等学校动画与数字媒体类专业系列教材之一,一改传统教材大篇幅、多层级的编写模式,以化整为零的形式,将知识体系分解成明确的知识点,以新颖短小的模块传授游戏设计理念和游戏开发软件的使用方法,每一个模块都围绕一个完整的工程展开,最终完成一个小游戏的设计。

本书共 6 章 30 节,每节内容简洁,并配有视频讲解。本书主要包括游戏基础、Unity 简介及基本操作、Unity 基本工具、Unity 地形系统、Unity 探索与发布、Unity 动画系统等内容。

本书适合作为高等学校 Unity 游戏制作课程的教材,也可作为游戏专业、媒体专业及独立的游戏开发者的参考书。

图书在版编目（CIP）数据

Unity 游戏设计微课堂．入门篇 / 张艳鹏主编 .—北京：中国铁道出版社有限公司，2024.7

"十四五"高等学校动画与数字媒体类专业系列教材

ISBN 978-7-113-30917-6

Ⅰ.①U… Ⅱ.①张… Ⅲ.①游戏程序 - 程序设计 - 高等学校 - 教材 Ⅳ.① TP317.6

中国国家版本馆 CIP 数据核字 (2024) 第 073179 号

书　　名：	Unity 游戏设计微课堂（入门篇）
作　　者：	张艳鹏

策　　划：	贾　星	编辑部电话：（010）63549501	
责任编辑：	贾　星　闫忆汛		
封面设计：	刘　颖		
责任校对：	苗　丹		
责任印制：	樊启鹏		

出版发行：中国铁道出版社有限公司（100054，北京市西城区右安门西街 8 号）
网　　址：https://www.tdpress.com/51eds/
印　　刷：北京鑫益晖印刷有限公司
版　　次：2024 年 7 月第 1 版　2024 年 7 月第 1 次印刷
开　　本：787 mm×1 092 mm　1/16　印张：10　字数：222 千
书　　号：ISBN 978-7-113-30917-6
定　　价：45.00 元

版权所有　侵权必究

凡购买铁道版图书，如有印制质量问题，请与本社教材图书营销部联系调换。电话：(010) 63550836
打击盗版举报电话：(010) 63549461

前 言

2011年秋天，编者所在实验室接受了学校的一项紧急任务，为本校开发一套电工电子实训虚拟实验系统，要求真实感强、可操作性好、可模拟真实实验。当时，我们正在进行虚拟现实和增强现实的底层算法研究，为了看到算法的效果也接触过一些3D仿真设计软件。针对学校的任务要求和时间安排，我们最终选定Unity3D游戏引擎来实现设计任务。原因很简单，Unity的可视效果好、学习成本低、开发速度快。目前，Unity占据全功能游戏引擎市场50%的份额，居全球首位。用Unity开发的游戏不计其数，国内有一定规模的游戏公司都有Unity的游戏开发团队。

我们不仅用Unity完成了多个虚拟实验/实训项目，还结合我们的算法研发了"增强现实3D户型展示系统""增强现实家具摆放系统""虚拟现实家装设计展示系统"等多个应用项目，并指导学生完成了"奥运冰雪项目""迈克尔逊干涉仪""虚拟校园"等多项应用，先后在国家级、省级大学生计算机设计大赛上获得多项一、二等奖。恰逢近些年国内游戏、虚拟现实等产业高速发展，团队中的学生毕业后大多进入国内著名的公司，从事游戏和虚拟现实项目的开发。

近年来，随着国民经济水平的提高，游戏产业越来越受到国家的重视，多个利好政策相继出台，快速推动了我国游戏产业的发展，促使游戏产值逐年攀升，游戏公司如雨后春笋般涌现，这使得游戏开发人才大量短缺。与此同时，高校的教学改革也正在紧锣密鼓地进行，互联网教育、MOOC、翻转课堂等一批新的教学理念正在改变着高校的教学模式；小型化、微型化的教学方案正在适应学生的学习习惯，提高学生的学习效率。我校开设的"2D/3D游戏设计与开发"等课程（主要使用Unity软件），深受学生欢迎，自2013年至今，已有超过3 000人次学习了相应课程。学生的学习热情也促使我们更好地组织课程教学，在高校教学改革大潮的推动下，课程也采用了混合教学、MOOC、SPOC等模式，有效地培养了学生的自主学习能力。新的教学理念和教学方法，促使课程结构有了较大的变化，课程不再大篇幅地灌输理论知识，而是将知识体系碎片化，提炼出知识点，结合案例进行短讲和精讲，并为学生提供课程视频和练习素材，让学生有更多时间和机会去练习和实践，发挥学生的想象力和创造力，引导学生自主学习完成课程。几年下来，效果非常不错，很多学生所学的知识远远超出课堂所讲的内容，他们会沿着课程的教学思路主动自学更多的相关知识，并在期末完成一份较专业的游戏设计开发作业。

编者认为这种新的教学理念和教学方法，值得总结和推广，为此撰写了本书，这既是为了满足本校课程的教学需要，也是为了与其他院校讲授和学习同类课程的教师和学生进行交流，以互相促进，取长补短。

　　本书设置 6 章 30 节，每节只讲授一个或几个知识点，但全书是围绕制作一个初级的游戏案例而设置的。其中，第 1 章介绍了游戏设计的基本概念和基本原则；第 2 章介绍了 Unity 的基本操作；第 3 章介绍了游戏对象的创建、编辑、渲染及光照的设置与烘焙效果；第 4 章介绍了 Unity 的地形系统及树木、草坪、水面、风区、天空等自然景物的创建；第 5 章介绍了场景漫游和外部模型的导入方法；第 6 章介绍了游戏动画的制作和加工，以及游戏角色的控制与交互。

　　用微课程的方式讲解 Unity 游戏设计，会带给读者轻松愉快的学习感觉，书中每一讲的实例都比较容易实现，跟随练习会获得很强的成就感，并在不知不觉中积累大量 Unity 游戏设计方面的知识。

　　本书是一本 Unity 游戏设计的入门教材，采用细致的步骤进行实例化的讲解，不论是理科生还是文科生，是工科专业还是艺术专业的学生，阅读本书都不会感到费力，相反会感觉到 Unity 引擎的强大能力。本书特色鲜明，配套资源丰富，并且可以到中国铁道出版社教育资源数字化平台 https://www.tdpress.com/51eds/ 下载，案例讲解清晰，易于学习实现。

　　本书由张艳鹏任主编，孙博文、赵一峰任副主编。邱子鉴、沈斌、陈文武、王岩全、白小玲、孙健、杨文博、刘凡钰、王雪、王淼、陈百韬、丁良宇、于龙琪、高源、张汉涛、朱毅、王驰、王春棋、郑洋、王庆卓等，他们对本书的编写给予了大力的支持和帮助。

　　由于时间仓促，加之编者水平有限，书中难免存在疏漏和不足之处，恳请读者批评指正。

编　者
2024 年 4 月

目 录

第 1 章 游戏基础 1
1.1 游戏是什么 2
1.2 人们为何乐于玩游戏 3
1.3 电子游戏行业是如何发展起来的 5
1.4 游戏的发展现状与展望 20
1.5 做游戏需要遵循哪些原则 23

第 2 章 Unity 简介及基本操作 27
2.1 Unity 能做什么 28
2.2 如何获取和安装 Unity 软件 30
2.3 如何创建 Unity 工程 35
2.4 如何操作 Unity 41

第 3 章 Unity 基本工具 45
3.1 如何创建游戏对象 46
3.2 如何搭建一个房屋 49
3.3 如何为游戏对象添加材质 55
3.4 如何带走 Unity 工程 62
3.5 如何产生光照效果 67
3.6 如何制作光照烘焙 73

第 4 章 Unity 地形系统 81
4.1 如何构建地形 82
4.2 如何添加树木 89
4.3 如何添加草坪 91
4.4 如何添加水和风 93
4.5 如何营造雾的效果 96
4.6 如何添加天空 98

I

第 5 章 Unity 探索与发布 101

5.1 如何实现场景漫游 102
5.2 如何导入外部模型 107
5.3 如何发布 Unity 游戏 109

第 6 章 Unity 动画系统 113

6.1 如何制作动画 114
6.2 如何编辑角色动画 119
6.3 如何实现复合动画 126
6.4 C# 基础 133
6.5 如何控制游戏角色 138
6.6 如何制作游戏的基本元素 147

参考文献 154

第1章

游戏基础

1.1 游戏是什么

本节主要讲述什么是游戏,并初步给出定义。

知识点

游戏的定义。

在使用 Unity 设计游戏之前,先来聊一下"游戏是什么?"

这似乎不是一个难以回答的问题,每个人都玩过游戏,如"石头、剪子、布""跳房子""下跳棋"及电子游戏等。

图 1-1 被杜尚重画过的蒙娜丽莎:L.H.O.O.Q

那么,是不是可以说"游戏就是用来玩的东西"?

"用来玩的"、"用来听的"和"用来看的"是大不相同的。达·芬奇的《蒙娜丽莎》是用来看的、贝多芬的《命运》是用来听的,甚至我们常说的八大艺术——文学、绘画、音乐、舞蹈、雕塑、戏曲、建筑、电影都是用来欣赏的。

现如今,电子游戏已被公认为第九艺术。与以往的八大艺术不同,游戏不仅是用来欣赏的,更重要的是用来"玩"的。

"玩"实际上是一种参与性的交互行为,这在以往的八大艺术中都不存在。在美术馆欣赏美术作品时,不能在画布上再涂上几笔,这不仅是因为这个冲动的行为会让人付出惨痛的代价,更重要的是涂抹后的作品已不再是原来的作品了,就如同杜尚的 L.H.O.O.Q 一样(见图 1-1)。而游戏则不然,游戏期待人的参与甚至改变。

那么,是不是说,只要是玩的东西就一定是游戏呢?

假如一个人在拍皮球玩,这能算是游戏吗?严格来讲,它还不能算是游戏。

其实,游戏是这样一种活动:

(1)至少需要一个参与者——玩家。

(2)有一定规则。

(3)有胜利的条件。

一个人拍皮球玩,只满足了第一个条件。

如果制定规则:只有连续将皮球拍起来才被计数,拍不起来计数停止,这样就满足了第二个条件。

如果再规定：只有连续拍起 100 次皮球才算胜利，这样便满足了第三个条件。

于是，这样的一种拍皮球的活动才能算是"游戏"。

仔细观察一下，按照这个标准，生活中有哪些活动属于游戏呢？

 练习题

判断题：
① 所有的体育比赛都是游戏。（　　）
② 人生就是一场游戏。（　　）

1.2 人们为何乐于玩游戏

 知识点

（1）游戏的特征。
（2）游戏的作用。
（3）游戏的价值。

仔细想想，玩游戏其实也是很辛苦的，特别是在玩大型电子游戏的时候。

玩游戏不仅是一种脑力劳动，而且还是一种体力劳动。在游戏中要绞尽脑汁设计成功策略，甚至还要与其他玩家配合才能达成目标。与此同时，还要长时间地做着重复性的操作，身体和精神都会处于高度亢奋和紧张之中。

游戏研究员尼克·伊认为，大型多人在线游戏是假装成游戏的大型多人工作环境。他指出："计算机是制造出来为我们工作的，但电子游戏逐渐要求我们为它们工作。"

玩游戏如此辛苦，我们为何还会乐在其中呢？

其实原因很简单，如果问起为什么玩游戏，可能很多人不会深入思考，而是停留在游戏好玩的答案上。这其中的意义是值得讨论的。本节从游戏的作用与价值、游戏的特征出发探讨人们为什么乐于玩游戏。游戏让我们积极乐观地做着一件自己擅长并享受的事情。玩游戏激活了我们与快乐相关的所有情绪：愉悦、热爱、敬畏、自豪、释然等，这也正是当今成功的电子游戏让人沉迷和亢奋的主要原因。

尽管游戏的特殊性使它很难用一个简单划一的定义来概括，但是不能否认，游戏确实有一些与其他活动不同的特征，通过对这些特征进行分析才能全面把握游戏的本质。

总结起来，游戏有四大决定性特征：

（1）主动参与：一般来讲，没人要求玩家必须玩游戏，而恰恰相反，要求玩家不要玩游戏却很难。

（2）激励反馈：在游戏中，玩家可以经常性地获得鼓励和激励，玩家的每一个小小的正确性的操作，都会得到奖赏。

（3）规则清晰：游戏中的胜负规则、对错判断非常清晰，很少有模棱两可状态发生。

（4）目标明确：游戏的胜利目标明确，而且会让人们最开始就知道。

游戏的这些特征往往是现实生活中经常缺失或较难获得的，也是我们在未来的游戏设计中首先要考虑的。

也许我们会认为以游戏的方式重新改造现实生活，是一个不错的选择。人类必须找到享受世界和生活的方法。于是，一种游戏化的思潮悄然兴起。

游戏的作用和价值是多元的，它可以满足人们的娱乐需求、提高思维能力、增强社交能力、激发创造力和想象力等方面。

（1）提高思维能力：游戏需要玩家进行思考、分析和判断，这有助于提高思维能力、锻炼智力。一些益智游戏还可以帮助人们学习新知识、掌握新技能。

（2）增强社交能力：很多游戏需要多人合作才能完成，玩家可以通过游戏结识新朋友、增强社交能力。同时，游戏中的交流和合作也能帮助人们更好地理解团队协作和沟通的重要性。

（3）激发创造力和想象力：游戏可以激发人们的创造力和想象力，鼓励玩家尝试新事物、发挥想象力。一些游戏中的开放式结局和自由度高的玩法，更是可以让玩家尽情发挥自己的创意和想象力。

■ 图1-2 德国诗人席勒

综上所述，如果用游戏的理念去设计现实活动可能会让我们的工作更有趣、经常获得鼓励并更有把握获得成功。让人与人之间有更强的社会联系，让我们的生活有明确的奋斗目标和更宏大的生活意义，这才是游戏的最高价值。

德国诗人席勒（见图1-2）在他的《美育书简》中写到，"只有当人充分是人的时候，他才游戏；只有当人游戏时，他才完全是人"。

席勒认为，人类的艺术活动是以审美为外观的游戏冲动，席勒把游戏含义归结为摆脱一切强制的自由，只有人处在审美的游戏状态时，才真正地将自己同自然分开，并反观于自然。

第1章 游戏基础

 练习题

（1）讨论题：
① 玩游戏对人来说有哪些积极的作用？
② 玩游戏对人来说有哪些消极的作用？
③ 我们有理由沉迷于电子游戏中吗？
（2）设计题：针对人类的某一种现实的活动做一个游戏化的设计。

1.3 电子游戏行业是如何发展起来的

电子游戏的发展可能比很多人预想的时间要早，并且随着科技的进步和人们对娱乐的需求增加，电子游戏逐渐成为一个庞大的产业。本节重点介绍电子游戏行业的发展过程。

 知识点

电子游戏行业发展简史。

电子游戏又称电玩游戏（简称电玩），是指所有依托于电子媒体平台运行的交互游戏。
虽然电子游戏是一个创造快乐的行业，但它的发展并不轻松。
1958 年，当时隶属于美国能源部的布鲁克海文国家实验室正在承担着重要的国家项目，但其中负责计算机工程的物理学家威利·希金博特姆（William Higinbotham）博士却有一些其他的想法。在美国，部分国家实验室是向公众开放的，为了让来访者能在实验室多驻留一段时间，以便更多地关注他们的研究成果，威利·希金博特姆博士决定做一个有交互作用的东西以吸引来访者。于是，他制作了一个名为 Tennis for Two 的小游戏，如图 1-3 所示。该游戏可以让来访者通过自己的操作来改变示波器中小球的运动，最终完成网球比赛。
这个不经意的小创意，确实起到了非凡的效果，以至于来访者对实验室的其他成果失去了兴趣，都在排队等待玩这款电子小游戏，从此"电子游戏"这个名词不胫而走，并登上了历史舞台。
在此之后，美国加利福尼亚电气工程师诺兰·布什内尔（Nolan Bushnell）捕捉到了电子娱乐的前景。1971 年，他根据自己编制的游戏 Space Impact（空间大战）设计了世界上第一台商用电子游戏机——Computer Space（计算机空间），如图 1-4 所示。

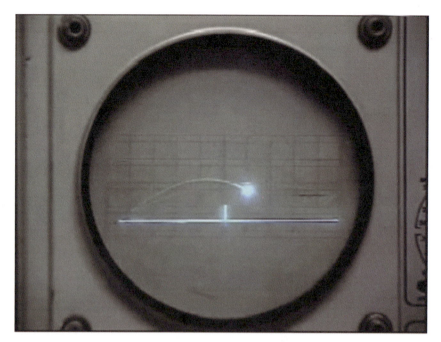

■ 图 1-3　*Tennis for Two* 游戏

■ 图 1-4　Computer Space 游戏机

为了验证这款游戏机受欢迎的程度，布什内尔将其摆在一家娱乐场中，遗憾的是，并没有多少人关注到它。

但布什内尔并没有灰心，他在1972年6月27日和他的朋友特德·达布尼（Ted Dabney）用500美元注册成立了一家公司，这就是世界上第一家电子游戏公司——雅达利（Atari）。

1973年，雅达利设计了一个简单的游戏——*Pong*，取得很大的成功，并顺势把该游戏制成了街机（见图1-5），摆在加利福尼亚的一家酒吧中，没过两天，老板打电话告诉他那台所谓的"电子游戏机"坏了，让他前去修理，布什内尔火速赶往酒吧，拆开了机壳，意外地发现投币箱全被硬币塞满，这款游戏机被"撑"坏了。

图1-5 *Pong* 游戏

随后，越来越多"山寨"雅达利和*Pong*出现，不过这同时也推动了视频游戏行业的繁荣。1975年，雅达利推出了*Pong*家庭版。

1977年，雅达利推出了具有开创性的家用游戏机2600，成为家用游戏机的标准。它拥有能存储游戏信息的暗盒，还配有摇杆。

1978年，日本游戏发行商Taito推出了*Space Invaders*游戏，如图1-6所示。这款游戏先在日本推出，后又登陆美国。到1980年，*Space Invaders*登陆雅达利2600游戏机，并在其生命周期中创下了5亿美元营收的佳绩。

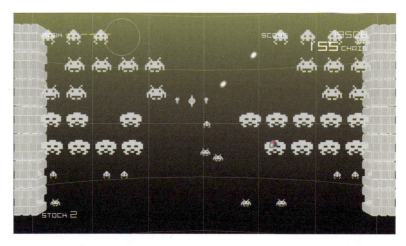

■ 图1-6　*Space Invaders* 游戏

1979年，四名前雅达利员工创建了全球第一家独立游戏开发公司动视暴雪。

1980年，日本游戏开发商南梦宫（Namco）开发出了一款名叫《吃豆人》的游戏，如图1-7所示。刚一发布便引起了不小的轰动，上市的前15个月里销量达到10万套，创下了10亿美元的营收佳绩。它是第一款支持雅达利游戏机的游戏，后被改编为同名动画片，不仅如此，它还为后来的许多游戏奠定了基础，最重要的是因它而出现了第一个根据游戏人物而生产的玩偶。

■ 图1-7　《吃豆人》游戏

1984 年，史上最经典游戏《俄罗斯方块》诞生，如图 1-8 所示。它是由苏联的阿莱克谢·帕基诺夫（Alexey Pajitnov）开发的。但是，当时的苏联不允许游戏开发者独立发行视频游戏，所以他不得不将游戏专利交给了苏联政府。1988 年，Henk Rogers 买下了《俄罗斯方块》专利，并将其带到了日本。在日本，他说服任天堂高管购买并发行了这款游戏。

■ 图 1-8 《俄罗斯方块》游戏

1985 年，日本游戏公司任天堂推出了红白机 NES。这是一款 8 位的游戏机，更棒的图形效果、更流畅的运行速度和更出色的音响，让 NES 获得了美国消费者的一致认可。NES 很快成为最畅销的游戏机。

还有一款耳熟能详的游戏《超级马力欧》（见图 1-9），它也出现在 1985 年，任天堂的 FC 游戏机带着它出征美国，当即成为当时最受欢迎的电视游戏。后来超级马力欧成为许多美国电影、电视和漫画书的中心人物，它使美国儿童花在任天堂游戏机上的时间比花在看电视的时间还要多。

■ 图 1-9 《超级马力欧》游戏

1987 年，日本的另一家游戏公司科乐美（Contra）推出了游戏《魂斗罗》，如图 1-10 所示。它的故事背景是根据著名影片 Alien《异形》改编，人物原型来源于著名影星施瓦辛格和史泰龙。游戏名称的含义是"具有优秀战斗能力和素质的人"，它是赋予最强战士的称呼。FC 上的两部《魂斗罗》影响了整整一代游戏玩家，在当时与《超级马力欧》齐名，几乎成为 FC 时代电子游戏的代名词。

图 1-10 《魂斗罗》游戏

1991 年，日本游戏公司世嘉推出了在 Genesis 游戏机上运行的游戏《刺猬索尼克》（见图 1-11），大受欢迎。截至目前，以刺猬索尼克为主人公的电子游戏曾在多个平台发表，总累计销量已经超过了 16 亿套。

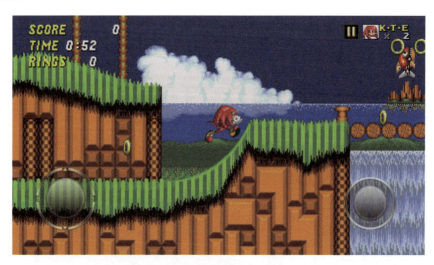

图 1-11 《刺猬索尼克》游戏

1993 年，一个名不见经传的"小公司"Id Software 上传了一个 2MB 的文件，就是这个区区

2MB 的文件彻底改变了游戏产业的历史,它就是历史上第一款 FPS(第一人称射击游戏)——*DOOM*(毁灭战士),如图 1-12 所示。由于 *DOOM* 最初是作为免费游戏发行的,在极短的时间内,该游戏就占领了所有的 FTP 服务器,并迅速在全球范围内风靡开来,从此开启了第一人称射击游戏时代,也创造了有史以来第一次 PC 游戏浪潮。但随后《真人快打》等同类游戏的发布,给不少孩子的父母造成了很大的担忧,他们开始担心游戏机和游戏是否会对孩子的成长造成不良影响。到 1994 年,在公众和监管机构的压力下,世嘉和任天堂结成"娱乐软件分级部门"来提供视频游戏的评级。

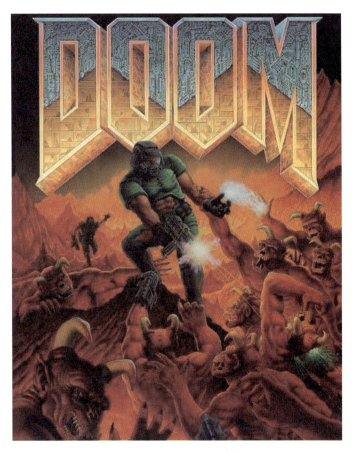

■ 图 1-12　*DOOM* 游戏

1994 年,美国的游戏公司暴雪娱乐推出了风靡全球的战略游戏《魔兽争霸:人类与兽人》,如图 1-13 所示,它是竞技游戏的发端。接下来数年时间里,暴雪陆续推出了几款《魔兽争霸》作品,该系列在很长一段时间内一直是全球最流行的视频游戏。

1995 年,世嘉推出了首款 32 位游戏机 Saturn。同年,索尼发布第一代 PS 游戏机。因为多数 PS 游戏是 3D 游戏,且支持磁盘,对玩家来说更实惠的 PS 游戏机很快在销量上超越了世嘉的 Saturn 游戏机。《GT 赛车》和《生化危机》是 PS 游戏机上最受欢迎的游戏。

■ 图 1-13 《魔兽争霸：人类与兽人》游戏

上面提到的游戏《生化危机》是日本的另一家游戏公司 CAPCOM 推出的，如图 1-14 所示。该游戏自首次推出后立刻引起巨大反响，一举成为同类游戏中最具影响力的代表作品。除了电玩游戏之外，生化危机系列还衍生出了漫画、小说、好莱坞电影等多种改编作品。

■ 图 1-14 《生化危机》游戏

1996 年，由暴雪娱乐（Blizzard Entertainment）开发和发行的《暗黑破坏神》（*Diablo*）（见图 1-15）是一款动作角色扮演游戏系列。该系列以其黑暗的幻想风格和富有挑战性的游戏体验而受到广泛赞誉，成为了一款经典的动作角色扮演游戏。目前该游戏系列最新已经发行了《暗黑破坏神 4》及手游《暗黑破坏神：不朽》。

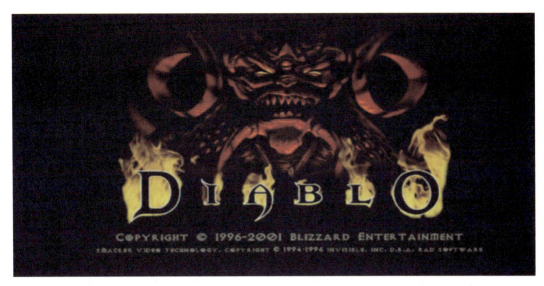

■ 图1-15 《暗黑破坏神》游戏

1997年，由全效工作室开发、微软游戏工作室发行的计算机游戏系列包括《帝国时代》及其资料片《帝国时代：罗马复兴》、《帝国时代Ⅱ：帝王世纪》及其资料片《帝国时代Ⅱ：征服者》、《帝国时代Ⅲ》及其资料片《帝国时代Ⅲ：酋长》和《帝国时代Ⅲ：亚洲王朝》等，如图1-16所示。

■ 图1-16 《帝国时代》游戏

1998年，暴雪娱乐又推出了《星际争霸》游戏，如图1-17所示，它是一款著名即时战略游戏。

截至 2009 年 2 月,《星际争霸》游戏在全球范围内售出超过 1 100 万套,是 PC 平台上销量最高的游戏之一。

■ 图 1-17 《星际争霸》游戏

1998 年,Valve 推出了《反恐精英》游戏,如图 1-18 所示。游戏最初是 Valve 旗下游戏《半条命》(Half-Life)的其中一个游戏模组,由 Minh Le 与 Jess Cliffe 开发。后该模组被 Valve 收购,两名制作人则在 Valve 公司继续工作。目前系列已有多部:《半条命:反恐精英》《反恐精英:零点行动》《反恐精英:全球攻势》《反恐精英:起源》。玩家被分为恐怖分子和反恐精英两队,在地图上进行多回合战斗,完成对应的任务或杀死全部敌人。

■ 图 1-18 《反恐精英》游戏

1999 年,世嘉发布了第一款支持在线游戏的 Dreamcast 游戏机,这也是世嘉公司的最后一款游戏主机产品。后来,在索尼、任天堂及微软的竞争压力下,世嘉转型成为第三方游戏软件开发商。

2000 年,索尼公司发布了 PS2 游戏机。PS2 的处理器是 128 位,其图形显示效果胜过一般的

PC 和 DVD。PS2 平台上的《侠盗猎车手》也成全球最热门的游戏。

2001 年，微软公司发布 Xbox 游戏机。Xbox 游戏机集成了 PC 技术，带有以太网端口，内置 8 GB 硬盘，还能运行 DVD 格式游戏。Xbox 平台上的游戏以《光环》为代表。第二年，微软推出了帮助全球玩家互动的 Xbox Live 平台。

2005 年，微软公司发布了第二代游戏主机 Xbox 360。

2006 年，任天堂发布了 Wii 游戏机。任天堂对 Wii 的定位是"让玩家更多地参与到游戏中去"，除了游戏爱好者外，这款游戏机也针对那些通常并不愿意承认自己是游戏玩家的户外一族。到 2009 年，任天堂 Wii 游戏机的销量达到了索尼 PS3 的两倍。

2006 年，索尼发布了 PS3 游戏机，与微软展开正面交锋。PS3 不仅支持播放蓝光碟片，还具备音乐和视频流媒体的功能。

但是，无论是索尼的 PS3 游戏机还是任天堂的 Wii 游戏机，其销量都没有超过微软的 Xbox 360，这在很大程度上应归功于《光环 3》游戏。

《光环 3》游戏是一款第一人称射击游戏（见图 1-19），出品于 2007 年。它与前作相比有更高的分辨率，画面看起来更干净。玩家可以在 Xbox 360 上进行多达四人的合作过关，随着更多真实玩家的介入，团队的配合以及衍生出的战术变得更加灵活多变。多人连线对战中所常用的团队合作技巧也能够更好地融入单人战役模式之中，从而让玩家获得更丰富有趣的游戏体验。

■ 图 1-19 《光环 3》游戏

2008 年，苹果上线 App Store。苹果应用商店的成立为移动游戏开发者和消费者创造了更多的机会。第二年，大量移动、社交游戏登录 App Store，诸如《愤怒的小鸟》（见图 1-20）之类的游戏引爆了全球。

■ 图1-20 《愤怒的小鸟》游戏

2008年，五分钟（Five Minutes）公司推出了《开心农场》游戏，如图1-21所示，它是一款以种植为主的社交游戏。

■ 图1-21 《开心农场》游戏

2009年，PopCap推出了《植物大战僵尸》游戏，如图1-22所示。它是由PopCap Games为Windows、mac OS X、iPhone OS和Android系统开发，并于2009年5月5日发售的一款益智策略类塔防御战游戏。

2013年，微软公司推出了整合云和电视直播功能的Xbox One游戏机，该游戏机还集成了语音助理，配套的Kinect体感装置也得到了改进。

同年，索尼也发布了新一代游戏主机PS4。PS4主打社交分享和智能手机连接两个功能。随后，PS4超越Xbox One，成为2014年最畅销的游戏主机。

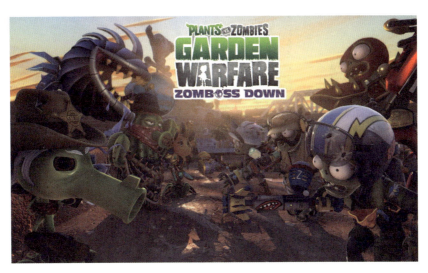

■ 图 1-22 《植物大战僵尸》游戏

2016 年，腾讯制作的《王者荣耀》游戏横空出世，如图 1-23 所示。它成为 2016 年及之后几年中最火爆的游戏，即使在现今也是非常火热的游戏，游戏玩家的在线数量非常惊人，而且已经形成了影响较大的赛事，2023 年杭州亚运会也将其作为正式比赛项目。

■ 图 1-23 《王者荣耀》游戏

2017 年，USTWO 推出了续作《纪念碑谷 2》游戏，如图 1-24 所示。该游戏一经推出迅速占据了苹果美国 App Store 的榜首。游戏的画面和游戏的方式打破传统解密游戏框架，十分新颖。游戏风格老少皆宜，充满治愈的力量。

■ 图1-24 《纪念碑谷2》游戏

2020年，米哈游公司发行的一款开放世界冒险游戏《原神》，如图1-25所示。优秀的画面、音乐和操作感，以及游戏中广大多彩的世界使其成为年度最佳移动游戏，游戏中添加的中国元素也使其在海外异常火爆。

■ 图1-25 游戏《原神》

同年，国产游戏工作室24 Entertainment开发的《永劫无间》游戏上市，如图1-26所示。该游戏是一款多人动作竞技游戏。除了全自由地图交互与扎实的武器打击感，游戏中精美的3D动作游戏角色设计、场景氛围及精美的画质都为玩家营造出了身临其境的体验。

■ 图 1-26 《永劫无间》游戏

2022 年，万代南梦宫发行了黑暗幻想风角色扮演动作游戏《艾尔登法环》，如图 1-27 所示。毋庸置疑，2022 年度最佳游戏当属《艾尔登法环》。不管是游戏的质量，还是社区的热度，乃至于对整个行业的推动，该游戏都有着举足轻重的地位。

■ 图 1-27 《艾尔登法环》游戏

2023 年，任天堂公司发售了《塞尔达传说 王国之泪》动作冒险游戏，如图 1-28 所示。该游戏在日本销量独占鳌头，目前已超过 180 万份，遥遥领先于第二名，足以说明其受欢迎程度。

■ 图1-28 《塞尔达传说 王国之泪》游戏

 练习题

简答题：
① 你喜欢玩哪款游戏（不局限于本节介绍的游戏），为什么？
② 你认为还有哪些游戏可以载入史册？

1.4 游戏的发展现状与展望

 知识点

（1）体感交互技术。
（2）虚拟现实技术。
（3）增强现实技术。

随着科技的不断发展，电子游戏行业经历了从简单的黑白像素游戏到如今的高清3D大作的巨大变革。未来，游戏的发展将更加注重沉浸式体验和社交互动，也将更加多元化和个性化，为玩家带来更加丰富和深入的游戏体验。本节讲述游戏行业目前常用的几种新型技术，并对其发展趋势进行展望。

1. 体感交互技术

体感交互技术就是利用体感设备实现人机交互的技术。这样的一种游戏实际上已经出现了，如 Xbox、Switch 等主机上都有体感交互游戏，比较有名的如《健身环大冒险》《水果忍者》等。此类游戏一改以往只用鼠标和键盘来玩游戏的状况，玩家可以通过身体的动作与运动和游戏中的角色进行交互，这一方面可以锻炼身体、愉悦心情，同时也可以加深玩家在现实空间中的交流，以及家庭成员之间的互动，使家庭成员之间更加和睦，所以是一个非常好的游戏方式，如图 1-29 所示。

■ 图 1-29　体感游戏

2. 虚拟现实技术

虚拟现实（virtual reality，VR）技术是一种利用计算机创建 3D 虚拟环境的技术，它可以为用户提供全方位的立体体验，使用户完全沉浸在虚拟世界之中，并可与虚拟角色进行交互。这是一种全新的用户体验，游戏玩家仿佛真正深陷游戏之中，以全方位的角度观看游戏、参与游戏，其真实感远远超出以往所有的游戏技术，如图 1-30 所示。

■ 图 1-30　虚拟现实游戏

3. 增强现实技术

增强现实（augmented reality，AR）技术实质上是虚拟现实技术的一个分支，但是它与传统的虚拟现实技术有很大不同。虚拟现实技术是营造一种虚拟的环境，它把玩家与现实世界隔离开来，玩家完全沉浸在虚拟世界之中。而增强现实技术是将虚拟的游戏对象叠加到现实的环境之中，也就是玩家可以在现实的背景中与虚拟的游戏对象进行互动，如图1-31所示。

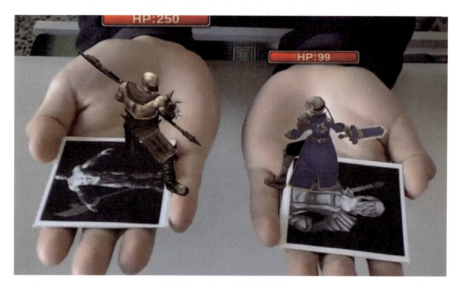

■ 图1-31 增强现实游戏

游戏的发展趋势可以从多个方面来探讨。首先，随着技术的不断进步，游戏画面质量、音效体验和操作流畅性等方面都在持续提升，为玩家带来更加逼真的游戏体验。同时，游戏类型也变得更加多样化，包括动作、冒险、角色扮演、竞技、解谜等各类游戏不断涌现，满足了不同玩家的需求和口味。

社交属性在游戏中的作用越来越重要。玩家可以通过游戏结交朋友、分享游戏心得和成就，甚至可以通过游戏来进行社交活动，这为游戏带来了更广泛的用户群体。

游戏与科技的深度结合也是未来的一个重要趋势。例如，最新上市的Apple Vision Pro（见图1-32）是一款头戴式"空间计算"显示设备，打破了数字信息交互基于二维屏幕的限制，让计算机能够主动理解和响应人们三维空间中的各种行为。它既可以使用户能够全沉浸式地玩游戏、看电影，从而体验VR功能；也可以利用头显表面的传感器，将外部世界的人和物投射入虚拟世界，从而实现AR功能，为人们的游戏和生活带来更多可能性。

层出不穷的新思路助推着游戏的发展，包括技术提升、类型多样化、移动化、社交化以及与科技的结合，它们必将给我们带来全新的体验和感受，游戏会变得越来越逼真、新奇和有趣，这些趋势将共同推动游戏行业的持续发展和创新，因此，游戏开发者不能忽视这些可能改变世界的发展方向。

■ 图 1-32 苹果公司的 Vision Pro 设备

 练习题

简答题：
① 你认为未来的游戏是什么样子的？
② 虚拟现实技术与增强现实技术的本质区别是什么？

1.5 做游戏需要遵循哪些原则

在制作游戏之前，要认真想一想游戏应该做成什么样子，哪些地方是吸引玩家的关键所在，采用什么样的方式可以盈利，最好把它写下来，这就是所谓的游戏设计文档。

本节主要讲述如下几方面：玩家需求、游戏设计的思路、游戏设计的制约因素、游戏设计的基本原则。

 知识点

（1）玩家的需求。
（2）游戏设计的思路。
（3）游戏设计的制约因素。
（4）游戏设计的基本准则。

1. 玩家需求

我们要了解玩家的心理，知道他们需要什么。概括起来说，玩家无非有以下四种需求：

（1）体验

在现实生活中不易体验或者体验不到的东西是玩家最想体验的。例如，让自己变成一位伟大的斗士，从而体验做英雄的感觉。

（2）挑战

为了满足自我实现的需求，玩家并不愿意玩没有难度、没有挑战的游戏，因为它们激不起玩家的斗志，满足不了自我实现的心理。玩家是想通过游戏证明自己比别人有能力。

（3）交流

人是一种社会性动物，每个人都需要交流，要在游戏中创造玩家与玩家、玩家与其他角色之间交流的机会，使他不再孤独且有一种安全的归属感。

（4）荣誉

人也是一种自傲的生物，总是希望能够被尊重，所以要让玩家在游戏中获得荣誉，让他为自己感到自豪，并有机会和渠道将这种自豪感分享给他人，从而获得别人的尊敬。

2. 游戏设计的思路

接下来是设计游戏，设计游戏有以下几个思路：

（1）按类型进行设计

如果已确定要开发某一类型的游戏（如开发一款射击类游戏），就要围绕这类游戏做所有的准备工作。首先要确定游戏实现的目标水平，这关系到选择什么样的技术手段和技术平台，然后给游戏设定一个背景故事（如果需要的话），让玩家玩游戏时产生情景感。

（2）按技术进行设计

如果已确定使用某种技术，如虚拟现实技术或增强现实技术，想充分表达这种技术的特点和可能性，就要以实现这些技术特点为主线设计游戏。然后确定游戏的类型或风格，最后确定故事题材。

（3）按故事进行设计

如果要以某一故事作为游戏发展的主线，那么首先确定其故事题材，然后确定游戏的类型或风格，最后确定用什么技术来实现它。

3. 游戏设计的制约因素

不管选择哪种设计思路，都要考虑开发游戏的制约因素：

（1）技术上的制约。如引擎质量、技术人员水平、计算机处理能力等，包括开发用机的处理能力和玩家用机的处理能力。

（2）工作量上的制约。如项目开发时间、游戏复杂程度、资金支持能力等方面的限制。

（3）机制的制约。不管怎样，设计游戏时要做到"隐藏内核，友好交互，渲染效果。"这是游戏设计的基本模型。

4. 游戏设计的基本准则

设计游戏时要记住以下基本准则：

（1）决定游戏成功与否的关键永远不是游戏的外部效果，而是游戏的内核。

（2）故意设置障碍，使玩家在解除障碍时产生解脱感和兴奋感。

（3）采取渐进发展的行为模式，用悬念对抗玩家的经验，使其尽可能长地具有挑战性。

练习题

简答题：

设计游戏时应该考虑哪些因素？

第 2 章

Unity 简介及基本操作

2.1 Unity 能做什么

Unity 游戏引擎是一个实时 3D 互动内容创作和运营平台,广泛应用于游戏开发、美术、设计、影视等领域。它提供了一套完善的软件解决方案,支持 2D 和 3D 内容的创作和运营,并且可以在多种平台上运行,包括手机、平板电脑、PC、游戏主机、增强现实和虚拟现实设备等。

 知识点

(1) Unity 是一个交互设计平台。
(2) Unity 是一个跨平台的软件。

Unity 不仅能做 3D 游戏,也能做 2D 游戏。在全球范围内,Unity 占据全功能游戏引擎市场 49% 的份额,全球排名前 1 000 最受欢迎的手游中有 71% 是用 Unity 创作的。

例如,大家比较熟悉的《原神》、《艾尔登法环》、《永劫无间》、Pokemon GO(见图 2-1)、《王者荣耀》等都是用 Unity 软件开发的。

■ 图 2-1 Pokemon GO 游戏

不仅如此,Unity 还可以开发如虚拟实验、虚拟校园、虚拟手术、虚拟军事训练、虚拟机械拆装等虚拟现实或增强现实的产品,如图 2-2 所示。

■ 图 2-2　冲击电压发生器虚拟实验

准确地说，Unity 应该被称为专业的虚拟交互式引擎。

相比于其他引擎，Unity 最大的特点是其多平台开发。它可以支持包括 Windows、mac OS、iOS、Android、PlayStation、Xbox 等平台，用户只需进行一次开发，便可以发布至主流平台中。

Unity 软件何以有这么大的能耐？下面来看看 Unity 编辑器具有哪些功能。

打开 Unity 编辑器，会显示一个三维编辑窗口（scene，场景），其中有一个具有纵深感的 3D 网格、一个 3D 坐标轴工具、一个平行光源和一个摄像机，这都是做 3D 游戏所必需的开发工具。

它还设置了一个 GameObject（游戏对象）菜单，其中有 3D Object（三维游戏对象）、2D Object（二维游戏对象）、Light（灯光）、Audio（声音）、UI（用户界面）等制作游戏元素的工具。

还有一个 Component（组件）菜单，其中有 Physics（物理引擎）、Physics 2D（二维物理引擎）及 Skybox（天空盒）等。

用户还可以在 Assets（资源）菜单下导入地形、树木、水等环境资源，这些都是游戏开发所必要的。

不仅如此，Unity 还支持 C# 脚本语言用于游戏开发，同时也支持几乎所有的美术资源文件格式。

这一切都为我们进行游戏开发提供了极大的便利，全球每天平均有近一万个 Unity 项目被创建，使用 Unity 解决方案制作或运营的内容的月活跃用户高达 39 亿，平均每个月使用 Unity 制作的应用在各大应用商店下载量高达 50 亿次。Unity 在全球的开发者数量超过 2 000 万，遍及全球 190 余个国家和地区，从而形成了丰富且成熟的生态。

练习题

简答题：

① 除了本节介绍的，还有哪些游戏是用 Unity 引擎制作的？
② 你希望 Unity 应该具有什么样的功能？

2.2 如何获取和安装 Unity 软件

本节主要讲解 Unity 软件的获取和安装。

如何获取和安装
Unity 软件

 知识点

（1）Unity 软件的下载地址。
（2）Unity 软件的安装步骤。

无论用户计算机是 Windows 操作系统环境还是 mac OS 操作系统环境，都可以在 Unity 的官方网站上获取相应的 Unity 编辑器。

下面以 Windows 操作系统环境为例介绍 Unity 软件的下载与安装，步骤如下：

（1）打开网页浏览器，搜索并打开 Unity 官网主页，如图 2-3 所示。

■ 图 2-3 Unity 官网主页

（2）在此页面上我们会看到一个"使用 Unity Pro 进行创作"按钮（见图 2-3），单击后进入 Unity Hub 获取页面，如图 2-4 所示。

图 2-4　Unity Hub 获取页面

（3）在此页面中，可以看到"下载 Unity Hub"按钮，下方也提供了不同版本的 Unity 可供查看。下载完成后安装 Unity Hub，如图 2-5 所示。

图 2-5　安装 Unity Hub

（4）安装完成后打开 Unity Hub，显示欢迎语句，下方有登录按钮 Sign in，如图 2-6 所示。

（5）单击 Sign in 按钮后会转到网页，如果有账户可以直接登录，如果没有账户可以单击下方的 Create a Unity ID 超链接注册账户，如图 2-7 所示。

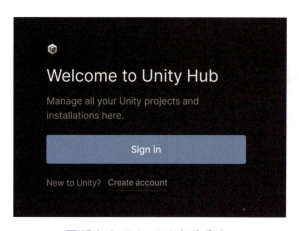

■ 图 2-6　Unity Hub 打开页面

■ 图 2-7　Unity 登录界面

（6）按照要求填写注册信息，如邮箱、密码等，填写后单击 Create a Unity ID 按钮，完成 Unity ID 创建，如图 2-8 所示。

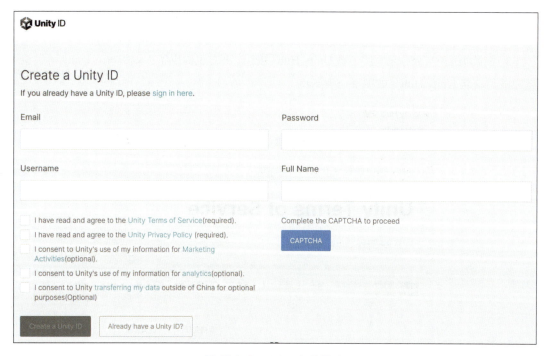

■ 图 2-8　Unity 注册界面

在创建账户并登录完成后会转回到 Unity Hub，此时会弹出一个窗口，询问是否使用个人版许可证（Get Persona Edition License）。在学习过程中使用免费的个人版许可已经足够，所以选择同意即可，也可勾选左下方的 Don't ask me again 复选框，这样之后就不会再次询问。如果有其他计划也可单击 Choose another plan 进行选择，如图 2-9 所示。

■ 图 2-9　Unity Hub 个人许可窗口

（7）进入 Unity Hub 软件界面后，选择要安装的 Unity 版本，可以单击 Installs 选项卡中的 Install Editor 按钮，也可以单击右上角的 Install Editor 按钮，如图 2-10 所示。

■ 图 2-10　Unity Hub 软件界面

弹出窗口中会显示不同版本的 Unity，可以按照需要选择多个版本进行安装，官方建议安装长期支持版，即扩展名为 LTS 的软件版本，本书中所有案例均使用 2022.3.7f1c1 版本，如图 2-11 所示。

（8）单击 Install 按钮后，弹出 Unity 软件安装窗口，在此窗口中可以选择软件的不同组件，初次安装保持默认设置即可，然后单击 Continue 按钮，如图 2-12 所示。

■ 图2-11　Unity软件版本选择窗口

■ 图2-12　Unity安装窗口

需要注意的是，安装过程中会安装 Visual Studio 2022，因为在 Unity 的编程过程中会使用到该编程环境。

安装完成后，重新启动计算机，Unity 软件即安装成功，可以开始使用了。

▼ 练习题

操作题：

下载 Unity 2022 以上的版本，并安装到计算机上。

2.3 如何创建 Unity 工程

本节讲解如何创建 Unity 工程、Unity 工程的含义、编辑环境的布局、保存场景文件的方法。

如何创建 Unity 工程

 知识点

（1）Unity 工程的含义。
（2）创建 Unity 工程的方法。
（3）Unity 编辑环境的组成与布局。
（4）保存场景文件的方法。

1. 创建 Unity 工程

所有基于 Unity 开发的项目都是一个工程。双击桌面上的 Unity Hub 图标，打开软件的界面，单击左侧 Projects 选项卡，然后单击右上角 New project 按钮，如图 2-13 所示。

■ 图 2-13　Unity Hub 界面

在此界面中有两个选项：一个是 New project（新建项目），另一个是 Open（打开）。因为是第一次使用，所以选择新建项目，进入 New project 界面，如图 2-14 所示。

在 New project 界面中有多个选项，包括 2D 项目、3D 项目、3D Mobile 项目、VR 项目、3D Sample 项目等。我们选择最常用的 3D 项目，右侧可以设置工程名和工程所在位置，可以修改这两项，针对开发的项目起一个名字，同时也将自建的项目存放到自己设定的文件夹中，有助于对项目的管理。设置完成后单击右下角 Create project 按钮即可创建 Unity 项目，如图 2-14 所示。

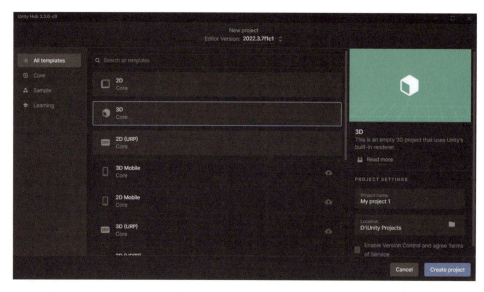

■ 图2-14　New project 界面

2. 工程的定义

工程就是一个独立的项目，从项目动工开始，后面的所有内容加在一起称为工程。学过计算机编程的读者都知道，像 C++ 这样的编程语言做出来的东西也称为工程，C++ 中有一个工程文件，单击这个文件可以加载工程中的所有内容，这个文件是一个引导文件，并不是工程本身；而 Unity 的工程没有引导文件，它的工程是一个文件夹，所有的内容都在创建的工程文件夹中，如图 2-15 所示。

■ 图2-15　Unity 工程文件夹

创建完成后，便可看到 Unity 的编辑环境，如图 2-16 所示。

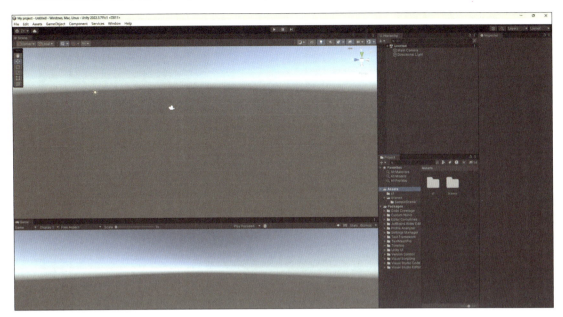

■ 图 2-16 Unity 软件编辑环境

3. Unity 编辑环境

Unity 的编辑环境可分为以下几个部分：

（1）Scene 是场景视窗，其中，有一个摄像机和一个光源，还有坐标轴，这是几个基本元素。

（2）Game 视窗是游戏运行时的环境。

（3）Hierarchy 是层级面板，其中的游戏物体在 Scene 视窗中都会显现，比如场景中的摄像机和光源。

（4）Project 是工程面板，单击 Assets（资源）文件夹，可以在右侧看见文件夹下的内容。

（5）Inspector 是检视面板。例如，单击 Hierarchy 面板中的光源，可以在 Inspector 面板中看到该光源的所有组件。

Unity 的布局是可以改变的，如图 2-17 所示，在 Window 下拉菜单中选择 Layouts 命令，可以看到多种布局方式。

选择 Tall 命令，并将 Game 视窗拖至界面的下部，这样 Scene 场景和 Game 场景便能够同时可见，如图 2-18 所示。

其实，各个面板都是可以拖动的。如果发现某个面板找不到了，可以重复上面的操作，进行重新布局即可。

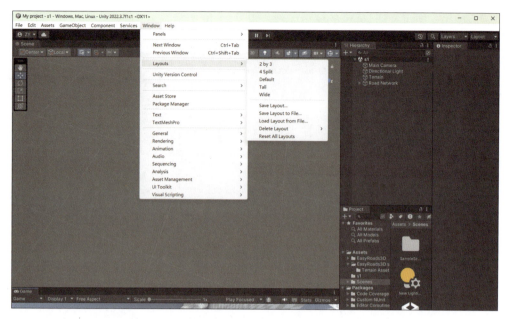

■ 图 2-17　Unity 的布局

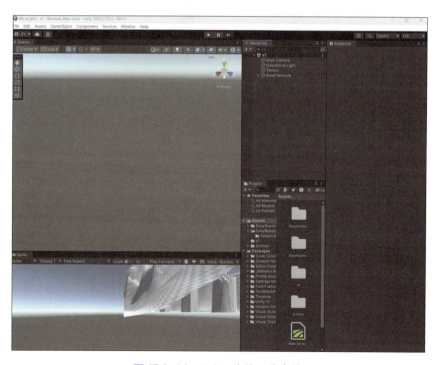

■ 图 2-18　Unity 的另一种布局

4. 保存场景文件

Unity 工程创建后，首先要做的就是存储场景。单击 File（文件）→ Save Scene（存储场景）命令，保存其场景，如图 2-19 所示。

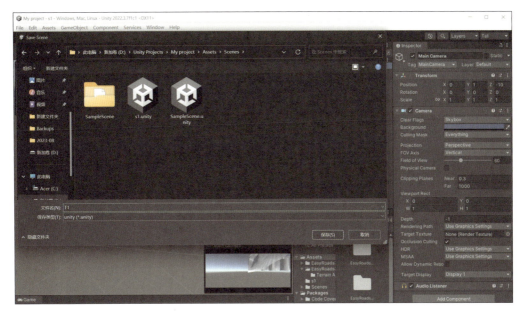

■ 图 2-19　保存场景界面

保存场景文件之后，在 Project 面板下的 Assets 文件夹中会看到该场景文件，如图 2-20 所示。

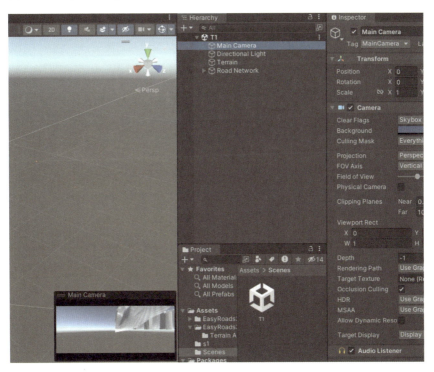

■ 图 2-20　Assets 文件夹下产生一个场景文件 T1

双击之前在硬盘上创建的工程文件夹，可看到里面包含多个文件夹，包括 Assets 文件夹、Library（库）文件夹、ProjectSettings（项目设置）文件夹和 Temp（临时）文件夹等，如图 2-21 所示。其中，Temp 文件夹会在 Unity 项目关闭后消失；ProjectSettings 文件夹和 Library 文件夹是系统自带的文件夹，其中的内容不可自行修改；而 Assets 文件夹与 Unity 编辑环境中的 Project 面板中的 Assets 文件夹是对应的，里面存放着对应的文件。无论将外部文件放到 Unity 编辑环境中 Project 面板中的 Assets 文件夹，还是放到硬盘上的资源文件夹中，其作用是一样的，但我们经常会用前一种方式存放文件，因为这样更直观，毕竟是在 Unity 的编辑环境下制作游戏。

■ 图 2-21　硬盘上的工程文件夹

但是，在场景中看到的主摄像机和平行光源等游戏对象在资源文件夹中是没有的，这是为什么呢？

因为这些游戏对象还不是以文件的形式存在，若让它们变成文件，可以用鼠标左键按住 Hierarchy 面板中相应的游戏对象，然后拖放到 Project 面板中的 Assets 文件夹中，这样它便形成预制件（prefab），如图 2-22 所示。预制件是个文件，它的作用就像一个模板，可以反复将其拖放到场景中而产生相应的游戏对象。针对大量重复出现的游戏对象，这是一个比较好的建立方法，因为这样做比较节省资源。

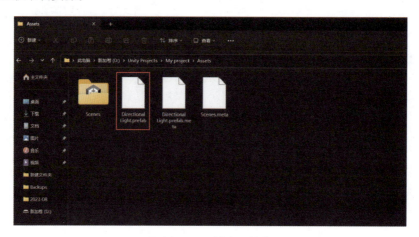

■ 图 2-22　创建预制件

练习题

简答题：
如果在工程中创建一个预制件，然后在硬盘上的工程文件夹中删除此预制件，会发生什么事件？

2.4 如何操作 Unity

如何操作 Unity

在安装完 Unity 软件并创建工程后，就可以正式操作 Unity 了。本节主要介绍 Unity 的基本操作方法。

 知识点

Unity 引擎的操作方法。

下面介绍 Unity 的基本操作方法。

首先在创建好的 Unity 工程中生成一个游戏对象，作为操作的参照物体。单击 GameObject（游戏对象）→ 3D Object → Cube 命令，便在场景中创建了一个立方体，如图 2-23 和图 2-24 所示。

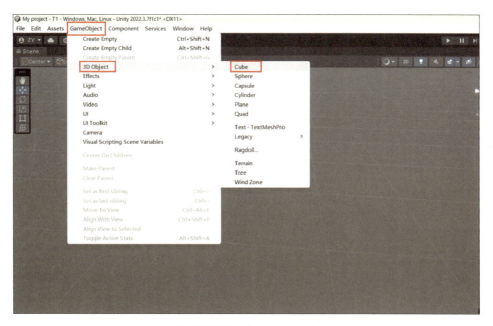

■ 图 2-23 单击 Cube 命令

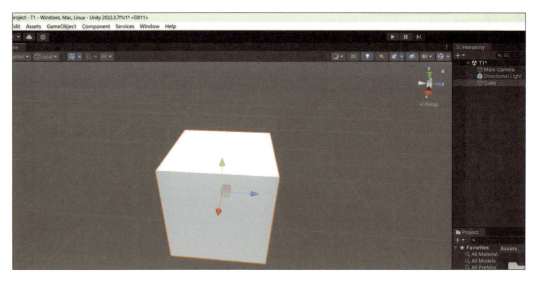

■ 图 2-24 创建的立方体

下面对 Unity 场景及其游戏对象进行讲解：

（1）快捷工具栏

该工具栏中的工具用于场景视窗中的操作。自左向右依次是：变换工具、选择工具、旋转工具、缩放工具和 UI 定位工具等。

① 选择变换工具时，便可利用鼠标左键移动场景，上下左右均可移动。如果此时再按住【Alt】键，会看到场景跟随鼠标以场景中心为轴进行旋转。

② 选择选择工具时，可以在场景中选择某一个物体，并用鼠标拖动其身上的坐标轴，使其跟随鼠标移动，同时也会发现 Inspector（检视）面板 Transform（变换）组件中的 Position（位置）坐标会发生变化，这说明此物体在场景中的位置确实被改变了。

③ 选择旋转工具时，被选中的物体上会附着一个旋转工具球，用鼠标拖动工具球上的旋转线时，物体会随之旋转，同时也会发现 Inspector 面板 Transform 组件中 Rotation 后面的数据也在发生着变化，这说明该操作确实使被选物体旋转了。

④ 选择缩放工具时，可对被选物体在 x、y、z 三个方向上进行缩放，此时 Inspector 面板 Transform 组件中 Scale（比例）后面的数据也会发生变化，这说明该物体的大小被改变了。

⑤ 选择 UI 定位工具时，会发现被选物体上会套上一个有控制点的四边形，可以利用鼠标拖动使其移动、缩放和旋转，其实它相当于前几个工具的一个集合工具，是 Unity 5 新增加的工具。

（2）方向键

键盘上的方向键可以作为场景视窗中的漫游控制键，【↑】键可以向前行、【↓】键可以倒退、【←】键可以向左走、【→】键可以向右走。

（3）滚轮操作

如果想使场景放大或缩小，可以利用鼠标滚轮来实现，滚轮向前滚使场景放大、滚轮向后滚使场景缩小。但这种操作并没有使场景真正放大或缩小，它只是将对准场景的摄像机推进和拉远而已。

（4）鼠标中键

鼠标中键也就是鼠标滚轮，按住它（而不是滚动它）移动时，可以平移场景。

（5）鼠标右键

按住鼠标右键移动鼠标，可以进入飞行模式，用以拖动和旋转场景。如果同时按住【Alt】键，可缩放场景。另外，鼠标右键+【W】【S】【A】【D】【Q】【E】键，可前、后、左、右、上扬、下探改变场景。

如果场景中的 Cube 被移走了，如图 2-25 所示，如何才能找回来呢？用上述的方法一点一点找？当然可以，但还有更简便的方法：

方法一：单击 Hierarchy 面板中的 Cube 对象，然后将鼠标指针放到场景中，按【F】键，Cube 就会出现在场景的中心。

方法二：在 Hierarchy 面板中双击 Cube 对象，Cube 也会出现在场景的中心。

还有一个事情值得考虑，在场景中看到的景象，在"Game"视窗中不一定能看到，因为摄像机的位置和角度不同。

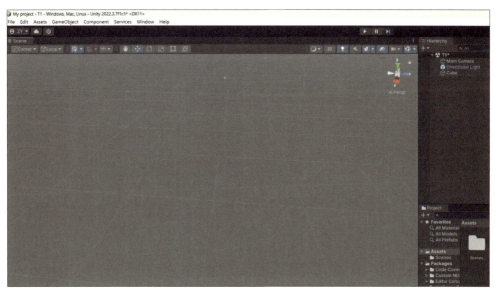

■ 图 2-25 立方体被移走的场景

单击 Game Object → 3D Object → Sphene 命令，再建一个球体，然后将 Game 视窗拖到 Scene 视窗下面，两个场景同时对照着看，发现球体在两个视窗中所显示的位置不一样，如图 2-26 所示。

要想使两个视窗看上去一样，可以通过调整摄像机的位置和角度来实现，但还有更简便的方法：

选中 Hierarchy 面板中的 Main Camera（主摄像机）对象，单击 GameObject → Align With

View 命令，如图 2-27 所示。它的作用是让游戏视窗对准场景视窗，也就是摄像机选择了一个角度，正面对准画面，这时再运行游戏场景，Game 和 Scene 视窗中的球体位置就是一样的了。

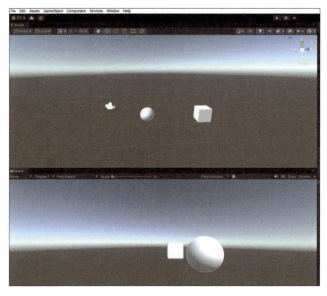

■ 图 2-26　Game 视窗与 Scene 视窗中看到的场景不同

■ 图 2-27　Game 视窗与 Scene 视窗中看到的场景不同

以上便是使用 Unity 必须掌握的基本操作方法。

▼ 练习题

简答题：

如何让 Game 视窗中看到 Scene 视窗中的游戏对象？

第 3 章

Unity 基本工具

3.1 如何创建游戏对象

本节进一步介绍有关游戏对象的相关知识。

如何创建游戏对象

▼ 知识点

创建游戏对象。

首先打开 Unity，在 Scene（场景）视窗中可以看到层级面板中的游戏元素，这些游戏元素就是游戏对象，也就是说在 Scene 视窗和 Hierarchy（层级）面板中看到的东西就是游戏对象（GameObject）。

单击任意一个游戏对象，在右侧的 Inspector（检视）面板中呈现的是游戏对象的属性和功能，而这些属性和功能统称为组件。所有的游戏对象都是由组件组成的，如一个人的属性有年龄、性别等，他的功能是指会开车、会开飞机等。

GameObject（游戏对象）菜单如图 3-1 所示，现介绍如下几个选项。

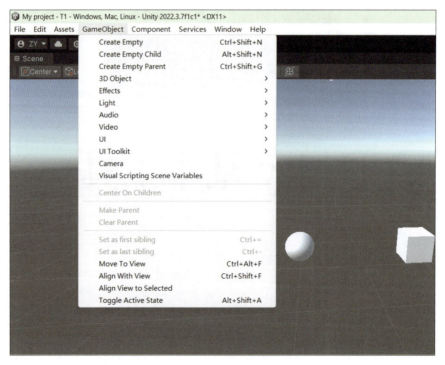

■ 图 3-1　GameObject 下拉菜单

（1）Create Empty：创建空的游戏对象。它可以作为一个容器，存放其他游戏对象，也可以自身作为一个载体，配有相应的属性与功能。例如，单击此命令，就会创建一个空对象，如图 3-2 所示。虽然在场景中看不到此游戏对象，但是在 Hierarchy 面板中会产生一个 GameObject 名字的对象，而且在 Inspector 面板中可以看到它有一个组件 Transform（变换），该组件有 Position（位置）、Rotation（旋转）、Scale（缩放）等，说明它确实是一个游戏对象。

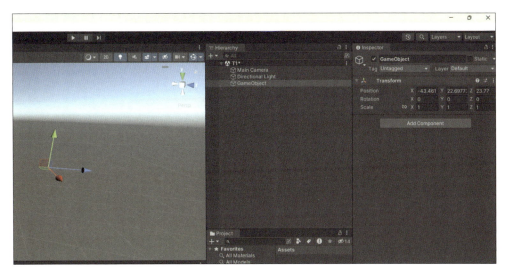

■ 图 3-2　创建空对象

如果此时我们再创建一个 Cube 物体，会在场景中看到此立方体。它可以独立存在于层级面板中，也可以被拖到空对象下，作为空对象的子对象，如图 3-3 所示。

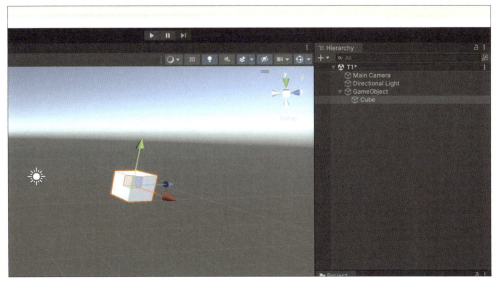

■ 图 3-3　作为空对象的子对象 Cube

再创建一个球体，用鼠标拖动它时，它会单独跟随鼠标移动，而场景中的其他游戏对象是不会移动的；如果将球体放到空物体下作为子物体，移动空对象时，其下的两个子对象都会一起移动，如图 3-4 所示。

■ 图 3-4　空对象下的子对象会跟随空对象一起移动

（2）Create Empty Child：创建空的子游戏对象。应用此命令时，需要事先选择一个游戏对象。单击创建空的子对象时，先要单击层级面板中的一个对象，如 Cube，然后单击 GameObject → Create Empty Child 命令，会在 Cube 下面创建一个空对象，如图 3-5 所示。

■ 图 3-5　创建空的子对象

（3）Create Empty Parent：创建空的父游戏对象。与上一个选项创建方式相同，区别是创建的是空对象的父对象。

（4）3D Object：创建三维游戏对象。在它的子菜单中可以创建立方体、球体、胶囊体、圆柱体、平面、四边形等多种游戏对象。

（5）Effects：效果。包括粒子系统、粒子系统力场等效果选项。

（6）Light：创建灯光。可以创建平行光、点光源、聚光灯等。

（7）Audio：创建音频。

（8）Video：创建视频。

（9）UI：创建用户界面。

练习题

简答题：
空对象的作用是什么？

3.2 如何搭建一个房屋

如何搭建一个房屋

在认识游戏对象的前提下，本节进一步讲解游戏对象的编辑方法。

知识点

游戏对象的编辑。

本节做一个练习，一方面是为了巩固之前学过的知识，另一方面看看能不能仅用 Unity 自带的游戏对象创建一个有形象的素材，即一座房屋，需要以下几步：

（1）在场景中创建一个立方体，作为房屋的主体。

单击 GameObject → 3D Object → Cube 命令，如图 3-6 所示，然后调整其组件 Transform 中的 Scale 参数为 4、3、4，如图 3-7 所示。

（2）创建一个球体，作为房上的圆拱。

单击 GameObject → 3D Object → Sphere 命令，然后调整其组件 Transform 中的 Scale 参数为 2.5、2.5、2.5，如图 3-8 所示。

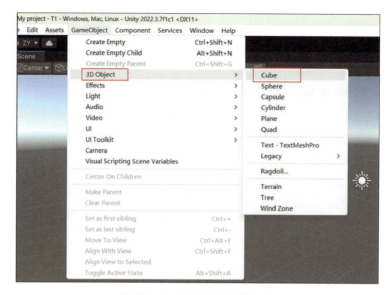

■ 图 3-6 创建立方体的方法

■ 图 3-7 调整立方体的 Scale 参数

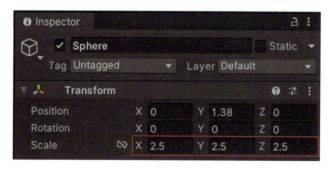

■ 图 3-8 调整球体的 Scale 参数

（3）创建一个胶囊体，作为圆拱上的尖顶。

单击 GameObject → 3D Object → Capsule 命令，然后调整其组 Transform 中的 Scale 参数值为 0.1、1、0.1，如图 3-9 所示，得到图 3-10 所示的对象。

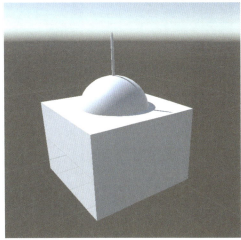

■ 图 3-9　调整胶囊体的 Scale 参数　　　　■ 图 3-10　构建的初步房体

若还想在房子上多建几个这样的圆拱和尖顶，需要把它们变成一个整体。具体做法是：首先创建一个空对象（见图 3-11），然后在 Hierarchy 面板中将 Sphere 和 Capsule 拖入 GameObject 空对象中（见图 3-12），把它们变成一个整体。

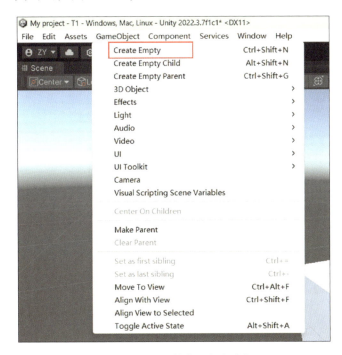
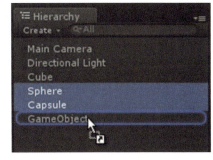

■ 图 3-11　创建一个空对象　　　　■ 图 3-12　将球体和胶囊体放到空对象中

为了能重复使用新构建的这个整体，拖动 GameObject 到 Project 面板下的 Assets 文件夹中（见图 3-13），形成一个预制件。

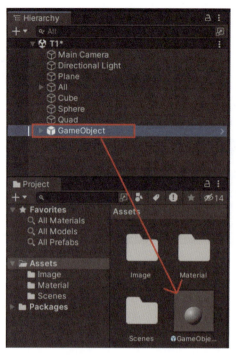

■ 图3-13 将空对象拖动到 Project 面板下的 Assets 文件夹中

将其预制件再拖回场景中,改变其 Scale 的参数值为 0.3、0.3、0.3,重新调整房屋主体 Cube 的大小,将 Scale 的 X 轴和 Y 轴的参数值设置为 6,将新的预制件放到建筑的一角上;再拖出三个预制件放在房屋的其他三个角上。为了更准确地将预制件放到建筑的四角上,可以调整摄像机,从不同的角度进行观看,如图 3-14 所示。

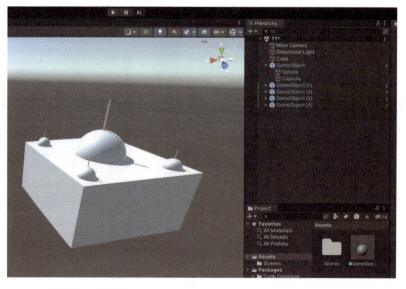

■ 图3-14 将预制件放到房屋的四个角上

（4）再创建一个 Cube，调整位置和大小，将 Scale 参数设置为 5、0.3、0.9，Unity 中的 Cube 默认状态下是 1×1×1 的，也就是相当于现实世界中 1 立方米，选中游戏对象，按【Ctrl+D】组合键可以快速复制，调整 Scale 参数为 5、0.3、1.5，与第一个 Cube 组合做成台阶，再复制 Cube，摆放如图 3-15 所示。

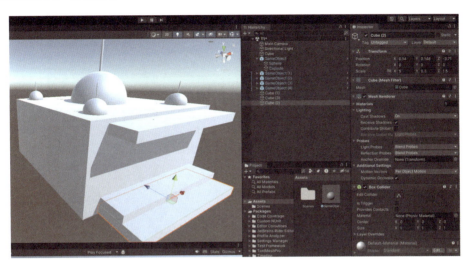

■ 图 3-15　用 Cube 制作台阶

（5）再创建一个圆柱体，调整位置和大小，将 Scale 参数设置为 0.2、1、0.2，做成预制件后拖到场景中，共五个，摆放成一排柱子，可以对每个圆柱体重命名，以方便查找。摆放后的效果如图 3-16 所示。

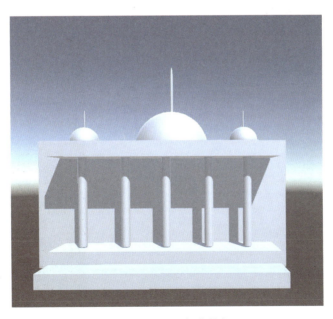

■ 图 3-16　用圆柱体做柱子

使用 Unity 下简单的游戏对象就可以建立一个类似穆斯林风格的建筑物。

（6）再创建一个 Plane（平面），发现建筑物一半在上一半在下，如图 3-17 所示。把 Plane 作为水平面，创建一个空物体，将除了 Plane 之外的其他新建游戏物体放到空物体下，这时就可以将游戏物体整体移动到平面的上面，Hierarchy（层级）面板也更加简洁。

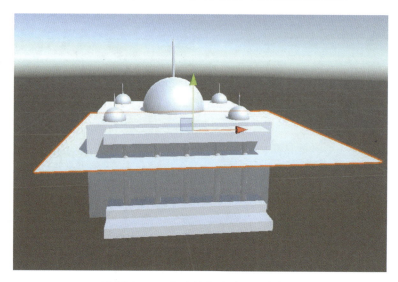

■ 图 3-17 将建筑物移到平面的上面

再选择 Plane，调整大小，并将 Scale 参数设置为 6、1、6，在场景中的整体效果如图 3-18 所示。

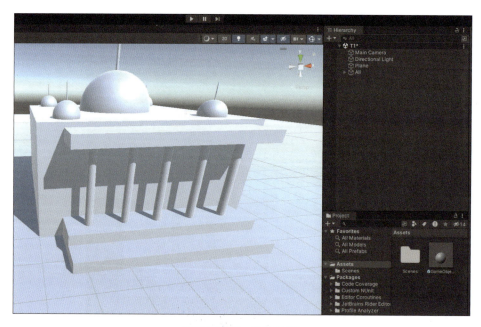

■ 图 3-18 整体效果

这样，即用 Unity 自带的游戏对象构建了一座房屋。

 练习题

简答题：

模仿本节内容，自己搭建一个房屋。

3.3 如何为游戏对象添加材质

如何为游戏对象
添加材质

在上一节中我们搭建了一个房屋，但是房屋看起来过于素朴，既没有色彩也没有纹理，本节主要对其进行适当的丰富。主要涉及材质球、着色器和材质贴图。

 知识点

（1）材质球。
（2）着色器。
（3）颜色编辑器。
（4）材质贴图。

1. 材质球和着色器

打开上一节做好的工程，在 Scene（场景）视窗中任意选择一个游戏对象，会发现在其右侧的 Inspector（检视）面板中会出现一个带光感的球体，这个球体称为材质球，如图 3-19 所示。

材质是什么？材质就是材料的质感。在渲染时，它表现出物体表面各种可视属性的综合效果：如颜色、透明度、光洁度、反光度、贴图等，但这些综合效果最终还是要以像素点的颜色表现出来。在 Unity 中，这些可视属性通过材质球索引到游戏对象上。

着色器是渲染器的一部分，我们看到的游戏场景中各个对象的颜色及其质感都是 Unity 渲染器工作的结果，在这里，着色器负责计算目标颜色及材质效果。

着色器包含定义要使用的属性和资源类型的代码。材质允许用户调整属性和分配资源。

请看下面的实例，按步骤进行：

（1）在 Project 面板下的 Assets 文件夹中右击，在弹出的快捷菜单中选择 Create（创建）→ Folder（文件夹）命令，从而创建一个新的文件夹，如图 3-20 所示。

Unity 游戏设计微课堂（入门篇）

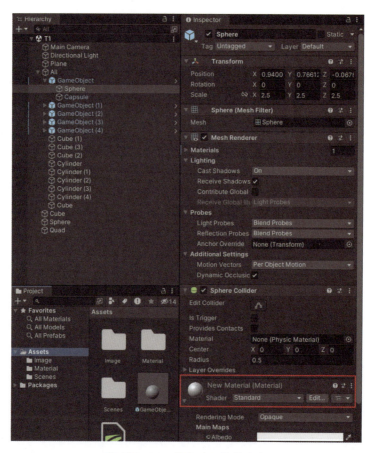

■ 图 3-19　游戏对象的材质球

■ 图 3-20　创建文件夹

（2）在新建的文件夹中右击，并在弹出的快捷菜单中选择 Create → Material（材质）命令，创建一个材质球，如图 3-21 所示。

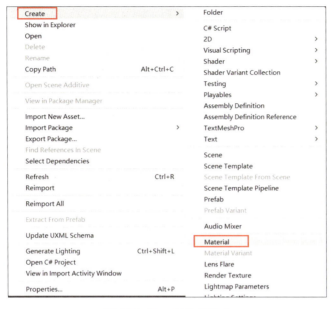

■ 图 3-21　创建材质球

游戏对象自带的材质球是不能编辑的，它只用来呈现游戏对象最原始的状态，而新建的材质球，在其 Inspector 面板上可以看到它的属性。如图 3-22 所示，在 Inspector 面板中首先看到的是此材质球的名称，如 New Material；然后便是 Shader，它就是着色器，Shader 下拉列表中存放的是不同的 Shader 的名称，也可以说是不同的配色方案。实际上，Shader 是一段程序，而 Shader 其下的这些栏目实质上是当前 Standard（标准）配色方案的属性。

例如，在其中的 Main Maps（主图）下的第一项 Albedo 的右侧有一块白颜色，它代表反射的主色调，当用鼠标单击它时，会弹出一个调色板，可以在其上选择一个喜欢的颜色，如红色，此时材质球也变成红色了，如图 3-23 所示。但是刚才选择的游戏对象（房上的穹顶）并没有变成红色，这是为什么呢？

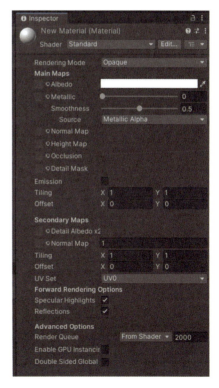

■ 图 3-22　材质球的检视面板

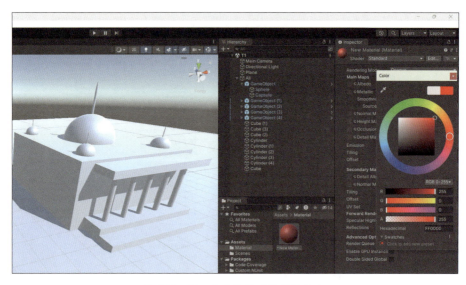

■ 图 3-23　改变材质球反射的颜色

其实很简单，因为此时的材质球并没有索引到任何一个游戏对象上。

如果想把此材质球添加到游戏对象上，单击材质球并拖动到某个游戏对象上即可，此时便会看到相应的游戏对象变成了材质球的颜色。

（3）要想让此房子的不同部位具有不同的颜色，需要多建几个材质球，并将其赋给房屋的不同部位，如图 3-24 所示。

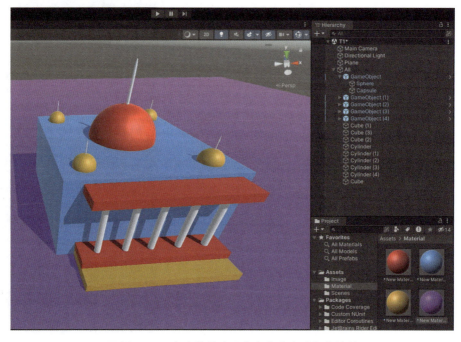

■ 图 3-24　多个材质球赋给多个游戏对象的效果

2. 材质贴图

从图 3-24 中可以看出，虽然为游戏对象添加上了颜色，但看上去还不够自然和真实。那么换一种做法，即为游戏对象添加贴图，看看会不会给我们带来惊喜。

（1）在 Project 面板中的 Assets 文件夹下创建一个新的文件夹，命名为 Image，用来存放贴图。双击打开此文件夹，将准备好的图片拖放到该文件夹中，图片就被加载到 Unity 中，同时在硬盘上的"Unity"工程文件夹中也可以看到相应的图片，但是会多一些以 .meta 为扩展名的文件，这是 Unity 自建的文件，是对资源的标识。

（2）把图片添加到游戏对象上。单击材质球 New Material，在右侧的属性面板中，单击 Albedo 前带点的圆圈，在弹出的窗口中选择图片，如图 3-25 所示，可以调节颜色，以及其他参数至满意的状态。

■ 图 3-25　选择贴图

单击材质球 New Material 1，用同样的方法选择一张图片，调节颜色。单击材质球 New Material 2，选择贴图，调节颜色。Plane 的材质球 New Material 3 是一个布料纹理的贴图，但是平铺在地面显得纹理过大，此时可以通过调节材质球右侧 Inspector 面板中 Tiling（拼贴）的值来解决，例子中都改为数值 10，如图 3-26 所示。

（3）建一个 Cube 和 Sphere 来丰富一下场景，创建材质球 New Material 4，选择贴图，然后赋予两个物体，可以看到其效果与原始的石膏状的效果完全不同，如图 3-27 和图 3-28 所示。

（4）讨论如下情况：观察房体主体的大 Cube 身上，材质贴图会贴到 Cube 所有的六个面上（见图 3-29），也就是材质球是对游戏对象的整体进行渲染的，而如果只想让其贴在房屋的顶面上该怎么办呢？

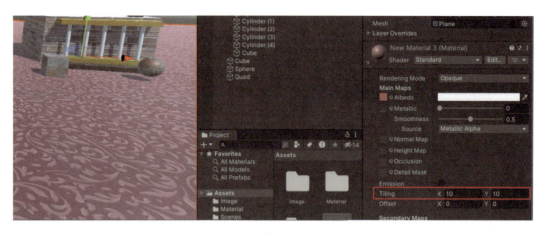

■ 图 3-26　调整贴图的 Tiling 值

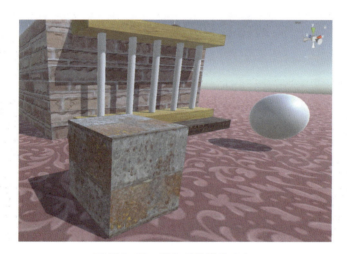

■ 图 3-27　添加了贴图的 Cube

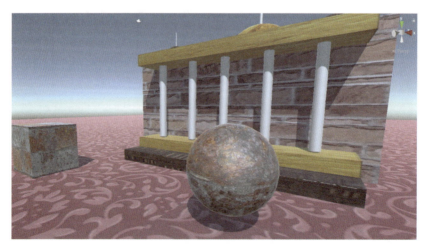

■ 图 3-28　添加了贴图的 Sphere

■ 图 3-29　为房体加贴图的效果

解决方法之一是：Unity 还有一个游戏对象叫 Quad（四边形），它只有一个面，通过 Game Object 中的 3D Object 可以创建。我们创建材质球 New Material 5 并选择贴图后赋给 Quad，然后利用 UI 定位工具调整大小，使其正好能够覆盖房体的顶面，并将其放到房体的顶面，这样便可以在 Cube 的一个面实现贴图效果，如图 3-30 所示。

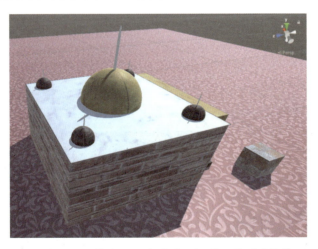

■ 图 3-30　利用 Quad 实现对 Cube 的一个面赋材质

练习题

简答题：
如何为游戏对象添加材质？

3.4 如何带走 Unity 工程

在初步探索 Unity 后，若想要将工程带到其他地方编辑有几种实现的方法，本节从场景的保存、资源包的导出和资源包的导入这三个方面进行讲解。

如何带走 Unity 工程

▼ 知识点

（1）资源包的导入。

（2）资源包的导出。

1. 场景的保存

如果已建好了一个 Unity 工程，并在场景视窗中添加了一些内容，此时若不保存其场景文件，下次打开时就什么也看不到，所以在退出 Unity 的工程时一定记得保存场景文件。具体做法是：单击 File（文件）→ Save（保存）命令，会弹出 Save Scene 对话框，给场景文件起一个名字，然后单击"保存"按钮即可。当然，也可以按【Ctrl+S】组合键实现上述功能，如图 3-31 和图 3-32 所示。

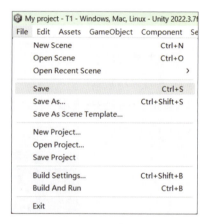

■ 图 3-31 保存场景命令

■ 图 3-32 保存场景对话框

2. 资源包的导出

前面讲过，Unity 工程是一个文件夹，当退出 Unity 的编辑环境后，其工程文件夹中的所有文件都是有用的。所以，如果想将自己做的 Unity 作品在其他计算机上重新编辑，一定要将整个工程文件夹复制带走，而不仅仅是带走其中的场景文件。

再次打开此工程时，需要在 Unity Hub 的欢迎界面中选择相应工程，单击打开即可，如图 3-33 所示。也可以在 Unity 的软件菜单中单击 File（文件）→ Open Project（打开工程）选项。

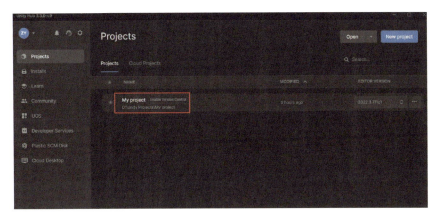

■ 图 3-33　打开工程

也有简便的方法，就是找到此工程的场景文件，然后双击，Unity 会自动被调用，并且打开的正是双击的场景。

但是，一般情况下 Unity 的工程文件都很大，携带起来不太方便。下面介绍另一种比较轻便的方法，可使工程文件小得多，可按以下步骤进行：

（1）在打开的 Unity 场景的前提下，单击 Assets（资源）→ Export Package（导出包）命令，如图 3-34 所示。

（2）弹出 Exporting package 对话框，勾选所有文件，如图 3-35 所示。

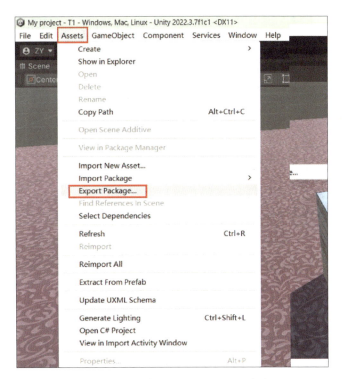

■ 图 3-34　单击 Export Package 命令

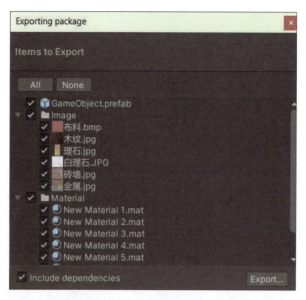

图 3-35　Exporting package 对话框

（3）单击 Export（导出）按钮，弹出 Export package（导出包）对话框，如图 3-36 所示。

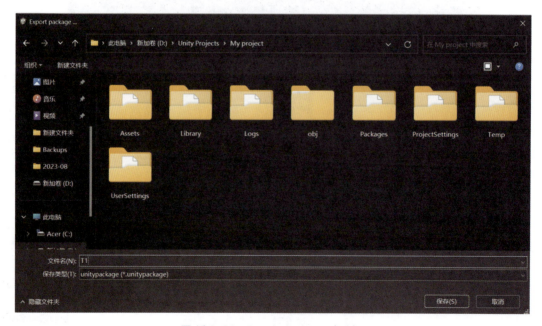

图 3-36　Export package 对话框

（4）指定导出包存放的位置，再给导出包文件起一个名字，然后单击"保存"按钮，便开始导出整个工程。导出完毕后，在硬盘的指定位置就会出现一个扩展名为 .unitypackage 的文件，如图 3-37 所示。这个文件便是工程文件包，而且此文件要比整个工程文件夹小得多。

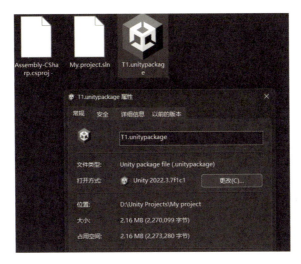

■ 图 3-37 导出的工程文件包

3. 资源包的导入

假如想携带这个工程包在另一台计算机上打开该工程重新编辑，只需要如下几步即可。

（1）新建一个 Unity 工程，然后单击 Assets → Import Package（导入包）命令，此时选择 Custom Package（定制包）命令，如图 3-38 所示。

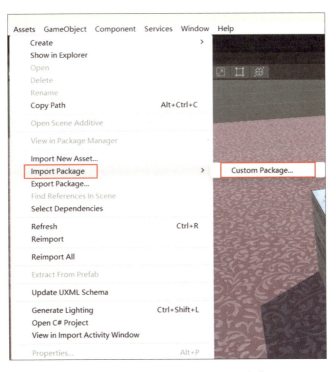

■ 图 3-38 选择 Custom Package 命令

（2）找到要被导入的包，选中后单击"打开"按钮，如图3-39所示。

（3）在弹出的Importing package（导入包）对话框中，单击Import（导入）按钮开始导入，如图3-40所示。

■ 图3-39 选择指定的包并打开　　　　　■ 图3-40 导入包对话框

（4）导入后，在Project下的Assets文件夹中便可看到该工程的场景文件，双击该场景文件，工程场景就出现了，如图3-41所示。

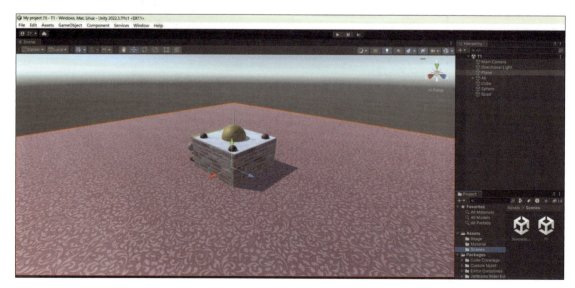

■ 图3-41 已导入的工程

练习题

简答题:
如何将 A 工程中的资源放置到 B 工程中?

3.5 如何产生光照效果

如何产生光照效果

在 Unity 中可以添加各种光源,包括方向光源、点光源、聚光灯、区域光等。

 知识点

(1)环境光。
(2)方向光源。
(3)点光源。
(4)聚光灯光源。
(5)阴影。

Unity 5.0 之后采用了全局光照(global illumination,GI)系统,它是一个用来模拟光的互动和反弹等复杂行为的算法。要精确地仿真全局光照非常具有挑战性,付出的代价也很高,正因为如此,现代游戏会在一定程度上预先处理这些计算,而非游戏执行时实时运算。

在讲解 Unity 的光照系统之前,先整理一下上一讲所做的项目。

打开上一节所做的工程文件,单击 GameObject → Create Empty 命令创建一个空对象,然后命名为 model,并将 Hierarchy 面板中关于房屋的对象都拖入 model 中。这样做有两个好处,一是可以使 Hierarchy 面板更加简洁(因为带有子对象的 model 可以收合起来),二是对房屋的整体调整也会比较方便。

1. 光源方向

新版 Unity 每一个新建的场景中都会有一个天空盒和一个自带光源——Direction Light(方向光)。Direction Light 的最大特点是没有位置和大小的变化,只有方向的变化。也就是说,Transform(变换)中的 Position(位置)和 Scale(缩放)参数的变化对 Direction Light 没有任何作用,只有Rotation(旋转)的参数变化会对其光照的效果产生影响。实际上,我们可以利用这一点将一个场景的整体光照设计成昼夜交替变化的效果。

其实，Unity这个自带的方向光，就是GameObject→Direction Light命令。

假如把当前场景的中Direction Light删掉（选中Hierarchy面板中的Direction Light，然后按【Delete】键），场景立刻暗了下来，当重新创建Direction Light后，场景会立刻亮起来。在Inspector（检视）面板中适当地调节Direction Light的Color（颜色）、Intensity（强度）及Shadow Type（阴影方式）等属性，还可以将Unity自带的方向光效果调整出来。

也可以将此光源与天空盒建立联系。

单击Window（窗口）→Rendering（渲染）→Lighting（光照）命令，弹出Lighting对话框，如图3-42所示。

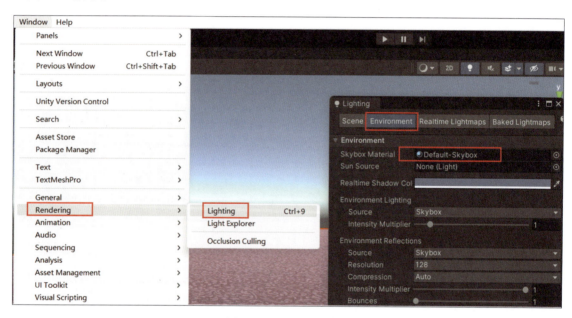

■ 图3-42 Lighting对话框

在Lighting对话框中有三个标签，Environment（环境）下的第一项是Skybox Material（天空盒材质），其右侧的文本框中是当前被选用的天空盒。单击该文本框右侧的圆圈，可以打开天空盒的Select Material（选择材质）对话框，可以选择不同的天空盒样式，如图3-43所示。

Environment Lighting下的第二项是Sun Source（太阳光源），其右侧的文本框中显示的是"无"（None(Light)），单击其右侧的圆圈便弹出Select Light（选择光源）对话框，选择Directional Light光源（见图3-44），此时天空盒中的太阳就以Directional Light为光源，转动Directional Light便可在天空盒中找到对应的太阳，如图3-45所示。

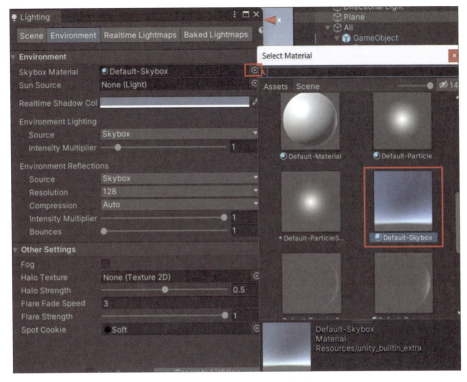

■ 图 3-43 天空盒材质对话框

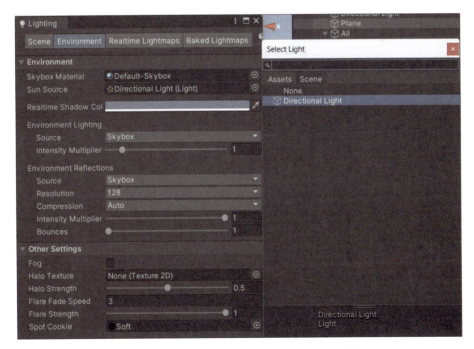

■ 图 3-44 选择 Directional Light 作为天空盒中的太阳

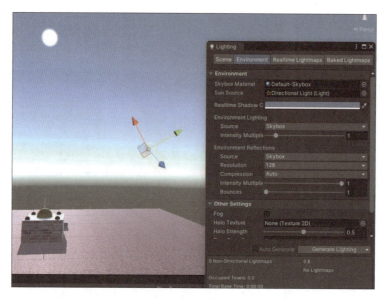

■ 图 3-45　源自 Directional Light 的太阳

在 Unity 中还提供了其他形式的光源，如点光源、聚光灯、区域光等。

2. 点光源

为了看到这些光源所产生的效果，需要先关掉场景中原有的 Directional Light，具体做法是：在 Hierarchy 面板中选择 Directional Light，然后在 Inspector 面板中取消勾选 Directional Light 复选框，Directional Light 光源即关闭（其实，Directional Light 还在，只不过让它不起作用了），如图 3-46 所示。

■ 图 3-46　关掉 Directional Light 光源

此时，单击 GameObject → Light → Point Light（点光源）命令，为场景添加一个点光源，如图 3-47 所示。

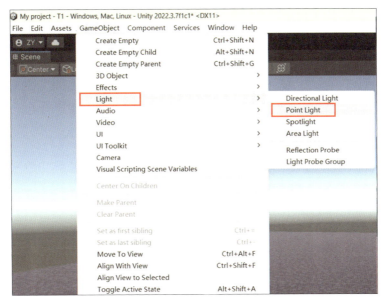

图 3-47 点光源

点光源的中心光强最大，并向四周扩散，直至球形的绿框消失殆尽，在游戏中一般用它做灯光或爆炸时中心的亮光。

点光源的这种光线扩散性，也可以通过阴影的分布观察到。选择 Hierarchy 面板中的 Point Light，然后在 Inspector 面板的 Shadow Type（阴影类型）中选择 Soft Shadows（软阴影），便可看到对房屋立柱所产生的阴影，它们是向四周发散的，如图 3-48 所示。

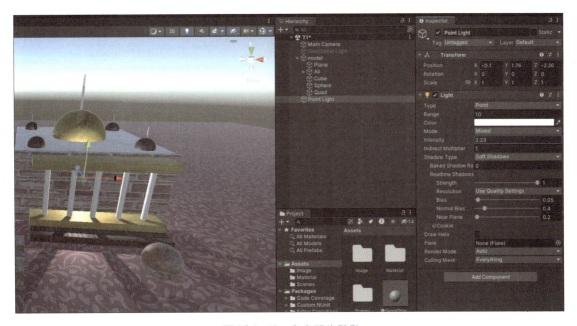

图 3-48 点光源的阴影

值得强调的是，Shadow Type 共有三个选项：No Shadows（无阴影）、Hard Shadows（硬阴影）和 Soft Shadows（软阴影），其中 Soft Shadows 的阴影边缘虚化，看上去更自然一些。但是 Soft Shadows 的计算量会比较大，而点光源的 Soft Shadows 更应该慎用，因为它要对周围六个方向计算阴影，计算量更大，若开发 PC 上的游戏，追求效果好，可以采用 Soft Shadows 的方式；但若开发手机版游戏，这样的阴影设置要尽量避免，因为需要关照手机的资源消耗。

3. 聚光灯

创建方式是单击 GameObject → Light → Spotlight（聚光灯）命令，场景中便产生聚光灯的效果，如图 3-49 所示。

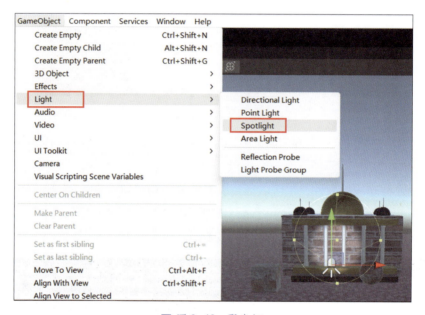

■ 图 3-49　聚光灯

聚光灯与点光源类似，也是中心最亮，然后光亮以一个圆锥形向外扩散，直到圆锥形的绿框消失殆尽，它相当于带有方向的点光源。

4. 区域光

创建方式是单击通过 GameObject → Light → Area Light 命令，其光线照射的方向是 Z 轴的正方向。现在若让其照射到房子上，需要旋转光源，但即使调整好 Area Light 的照射方向，仍然看不到其照射的效果（见图 3-50），这是为什么呢？

这是因为区域光的效果必须在烘焙之后才会被看到（烘焙就是将光线固化到物体上，之后可以关闭光源，光线照在物体身上的感觉仍然存在），这样做的好处是光照的效果不需要实时的计算，光线的跟踪计算量是非常大的，如果建筑内部非常复杂，光照在上面再反弹，这个过程中的光照计算量非常大，面积光是一片光源，所以在新版本中采用烘焙处理，这样就不需要实时计算了。

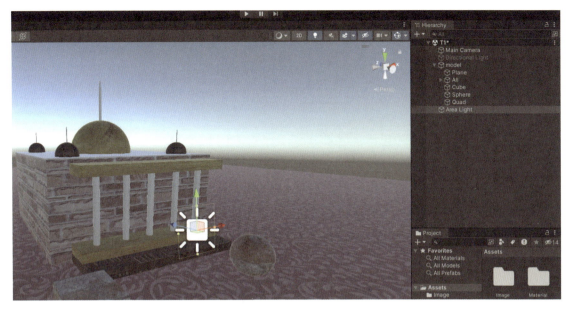

■ 图 3-50　Area Light 的设置

 练习题

简答题：
简述各种光源的使用场合。

3.6　如何制作光照烘焙

如何制作光照烘焙

上一节介绍了各种光源的使用，其中提到区域光用于制作光照烘焙，本节就来说一说光照烘焙和光探针烘焙。

 知识点

（1）区域光源。
（2）光照烘焙。
（3）探针烘焙。

1. 光照烘焙

烘焙一词源自食品制作的一个加工环节，如对蛋糕、面包的烘焙。但在虚拟的计算机光照环境中，烘焙是指将光线跟踪算法的计算结果形成一个光照贴图附着在游戏对象的表面，形成一个静态的光照效果。由于是静态的光照，所以被烘焙的对象也要设置成 Static（静态的），烘焙完成后，光源不再起作用。

这样做的优点是光照的效果不需要实时计算，节省了大量的计算时间；其缺点也是因为光照效果被固化而使其效果不能实时跟随改变。步骤如下：

（1）添加一个区域光源（也称面积光），单击 GameObject → Light → Area Light 命令，调整其面积大小、照射位置、光照强度及光照颜色等，如图 3-51 所示。

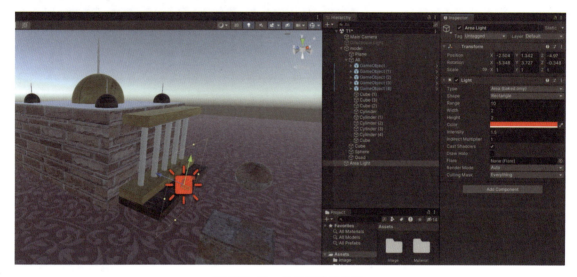

■ 图 3-51　设置区域光参数

（2）将被烘焙的游戏对象静态化。即选中被烘焙的对象，并在 Inspector 面板中选中 Static 单选按钮。

（3）在 Window 下拉菜单中选择 Rendering → Lighting 命令，弹出 Lighting 对话框，单击 Lighting Settings 中的 New 按钮，建立新的灯光设置方案，如图 3-52 所示。

可以做一些设置，如图 3-53 所示。单击 Lightmapping Settings 中的 Lightmapper，此选项可以选择用 CPU 或者用 GPU 烘焙，若有独立显卡建议选择 GPU，可明显感受到烘焙速度加快。也可单击 Max Lightmap Size 选择烘焙贴图大小，越大越精细，不过烘焙更慢、更占资源。其他选项也可按需选择，然后单击 Generate Lighting 按钮，引擎开始进行静态烘焙，过一段时间便可看到其烘焙的效果，如图 3-54 所示。

此时，即使关掉 Area Light 光源，场景中的光照效果依然存在。同样，如果复制一个 Area Light 光源（选中 Area Light，然后按【Ctrl+D】组合键），也不会将刚才的光照效果复制下来。

■ 图 3-52 Lighting 对话框

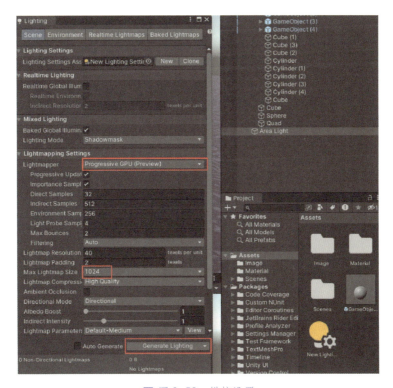

■ 图 3-53 烘焙设置

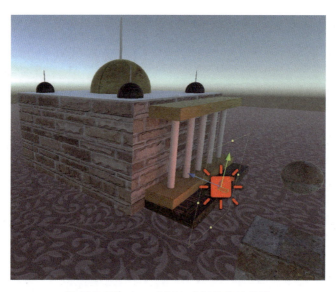

■ 图 3-54　Area Light 光照烘焙的效果

要想看到新的 Area Light 光照效果，需要再次调整它的参数，然后重新制作烘焙（如上述方法），便会得到图 3-55 所示的效果。

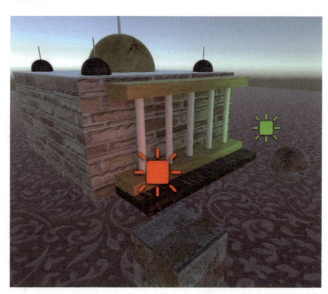

■ 图 3-55　两个 Area Light 光源烘焙后的效果

但是，就像前面讲过的那样，烘焙完的效果并不具有光线的性质，它只是对游戏对象表面进行了颜色渲染，其看上去的光照效果已变成游戏对象身上的一种材质效果。这一点可以通过移动右侧的球体对象，将其放到所谓的光照烘焙区域内，会发现球体的身上并没有光照效果，如图 3-56 所示。这是因为烘焙之前球体没有在区域光的烘焙范围内，而烘焙后，关闭了区域光、此区域已无光线效果。

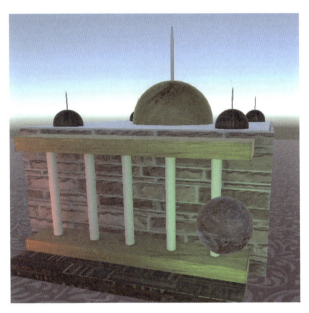

■ 图 3-56 烘焙后的光照效果不具有光线的性质

也可以说，这是 Unity 光照烘焙的缺陷，毕竟这样的处理方法显得不够真实。但是解决这一问题的方法早在 Unity 4.0 的版本中就已经提出，这就是所谓的光探针烘焙（也称为光探头烘焙）。

在制作光探针烘焙之前，先把原来的烘焙效果去掉。

您可能已经注意到，在制作出光照烘焙的同时，在 Project 面板下的 Assets 中会产生光照贴图文件，如图 3-57 所示。

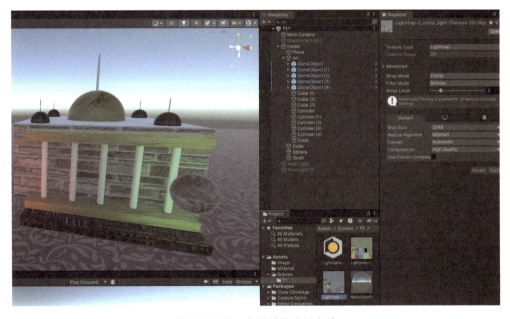

■ 图 3-57 光照烘焙贴图文件

想要清除烘焙效果需要单击 Lighting 选项卡中 Generate Lighting 下拉框中的 Clear Baked Data 选项，原有的烘焙效果消失，如图 3-58 所示。

图 3-58　清除烘焙贴图数据

2. 光探针烘焙

制作光探针烘焙效果的步骤如下：

（1）将最后建立的球体对象的 Static 属性解除（即把其前面的√去掉），一会要利用这个球体去测试制作的光探针效果，所以不想在烘焙时把这个对象烘焙到。

（2）单击 GameObject → Light → Light Probe Group（光探针组）命令，就会看到一组（八个）相互关联的小球在场景中出现，这就是所谓的光探针。

如果觉得八个光探针还不够用，可以单击 Inspector 面板中 Light Probe Group 下的 Edit Light Probe Positions，然后单击 Add Probe 按钮来添加一个光探针。但是逐个添加很麻烦，其快速的方法是单击 Light Probe Group 下的 Select All（全选）按钮，把已产生的光探针全部选中，再单击 Light Probe Group 下的 Duplicate Selected（复制选定的）按钮，进行快速复制，便会看到图 3-59 所示的效果。如有需要可重复上述操作多次。

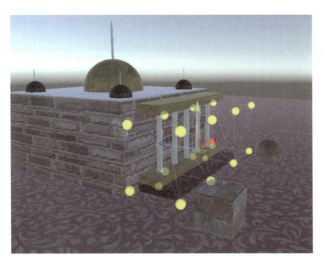

■ 图 3-59　光探针组

（3）点亮两个区域光，重新烘焙，便会看到图 3-60 所示的烘焙效果。

■ 图 3-60　光探针烘焙

此时，在光探针范围内移动球体，便会发现球体上会有光照的变化，就好像活动的物体在真实的环境下接收到光照一样，如图 3-61 所示。

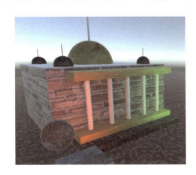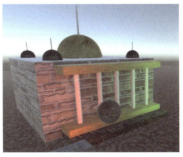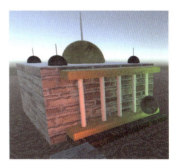

■ 图 3-61　小球感受到了周围的探针烘焙光照

其原理是：当小球接近这些相互关联的光探针时，与其最近的三个光探针会组成一个小平面，该小平面就像一个 Area Light 光源将对应的光照烘焙赋给小球（见图 3-62），不同光探针组成的三角面所烘焙的颜色是不同的，这是最初的两个 Area Light 光源将不同的渲染效果烘焙到不同光探针上的结果。这种算法实现了游戏对象在不同的环境下感受不同光照的效果。

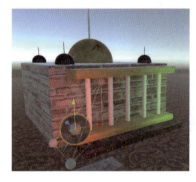 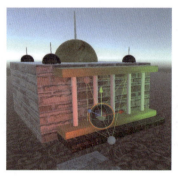 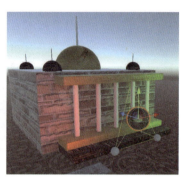

图 3-62　光探针三角面烘焙原理

练习题

简答题：

为何要进行光照烘焙？

第4章

Unity 地形系统

4.1 如何构建地形

如何构建地形

在上一节的实例中，地面其实是一个 Plane（平面），所以它既没有起伏，也没有地面纹理，看上去有些假。本节介绍一个 Unity 构建地形地貌的引擎——地形引擎，利用这个工具可以构造出非常逼真的地形地貌。

 知识点

（1）地形的创建。
（2）地形的编制。

1. 地形的创建

在 GameObject → 3D Object 命令下会看到构建地形的工具——Terrain（地形引擎），单击它便会在场景中产生一个平面，这就是地面，如图 4-1 所示。

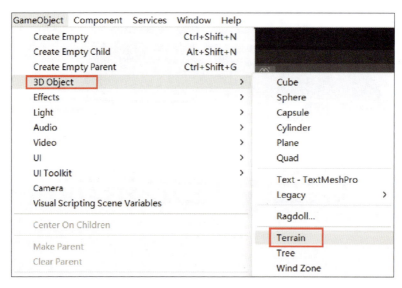

■ 图 4-1 创建地形

Terrain 是一个游戏对象，同时也是一个相对独立的系统，与普通的 GameObject 不同，改变它的 Scale 属性值并不能改变它的大小，而要想真正改变其大小需要在地形对象的 Inspector 面板中单击最右侧的小齿轮，便弹开地形的配置属性栏，如图 4-2 所示。

在这里可以找到 Terrain Width（地形宽度）、Terrain Length（地形长度）和 Terrain Height（地形高度），其中的 Terrain Width 和 Terrain Length 决定了地形的水平区域大小，而 Terrain Height 决定了此地形中山脉的最高尺寸。这三个参数值的单位都是米，为了实例运行流畅，我们将这三个值都设置成 200，也可根据实际需求设置。

此时 Terrain 的原点与场景的世界坐标系的原点重合，为了与前面的实例吻合，调整一下 Terrain 的位置，并将之前制作的 Plane 去掉。

2. 地形的编辑

在开始构造地形之前，需要先导入地形资源，可导入 Unity 官方提供的标准资源包，也可在 Asset Store 中下载其他资源包。

Unity 公司提供的标准资源包 Standard Assets（可在 Unity 官网上下载）对构造的地形进行渲染。

单击 Assets（资源）→ Import Package（导入包）→ Custom Package（定制包）命令（见图 4-3），会弹出一个对话框，选择要导入的 Environment 资源包，如图 4-4 所示。

■ 图 4-2　Terrain 配置属性栏

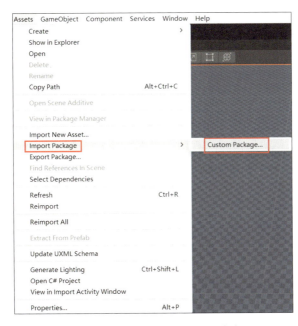

■ 图 4-3　单击 Custom Package 命令

导入完成后，在 Project（工程）面板下的 Assetc 资源文件夹中就会产生一个 Standard Assets（标准资源）文件夹。

■ 图 4-4 导入 Environment 环境资源包

下面可以开始构造地形。选择 Terrain，在 Inspector 面板中可以看到构造地形的工具条，本讲只介绍要用到的前 2 个工具，后面 3 个工具在第 17、18 讲中详细介绍。

（1）第一个工具 是用来构造邻近地形的，可向前、后、左、右拓展地形，如图 4-5 所示。

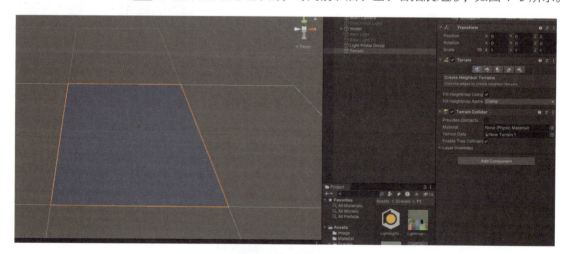

■ 图 4-5 临近地形

（2）第二个工具 是用来构造起伏的山脉、表面材质等。单击工具下方的下拉菜单，单击相应选项，如图 4-6 所示。

① 单击 Raise or Lower Terrain 选项，选择其下画刷的形状、尺寸和强度后（见图 4-7），便可在 Terrain 上绘制山脉，使用不同的画刷在 Terrain 上画出的山脉具有不同的表面形态，如图 4-8 所示。

■ 图 4-6 下拉菜单

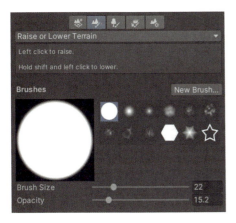

■ 图 4-7　Raise or Lower Terrain 选项

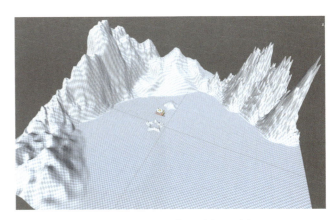

■ 图 4-8　不同的画刷构造的表面形态

② 单击 Set Height 选项，选择其下画刷的高度、形状、尺寸和强度后（见图 4-9），便可在地形上绘制不超过设置高度的地形，如图 4-10 所示。

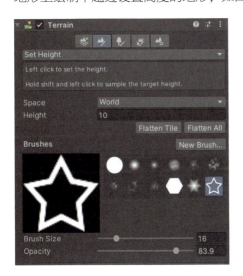

■ 图 4-9　Set Height 选项

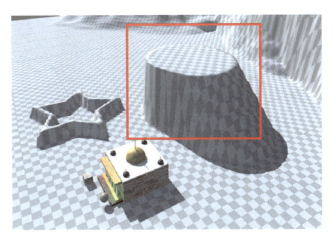

■ 图 4-10　被限制高度的平顶山脉

③ 单击 Smooth Height 选项，选择其下画刷的形状、尺寸和强度后（见图 4-11），便可对地形比较粗糙的地方使用，使其光滑，如图 4-12 所示。

④ 单击 Stamp Terrain 选项，选择其下画刷的高度、形状、大小和强度后（见图 4-13），便可按照固定高度和形状绘制地形，如图 4-14 所示。

⑤ 单击 Paint Holes 选项，选择画刷属性后，可对地形挖洞，但此选项会直接挖穿地形，容易造成穿帮，较少使用，如图 4-15 所示。

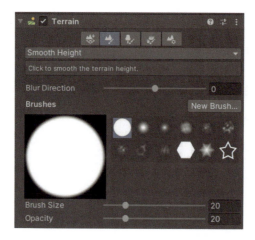

■ 图4-11　Smooth Height 选项

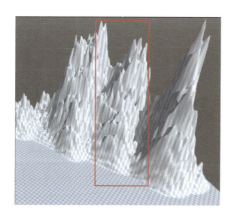

（a）平滑之前

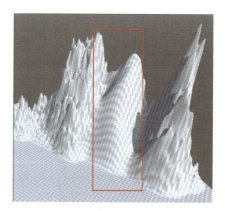

（b）平滑之后

■ 图4-12　平滑地形

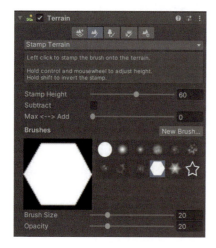

■ 图4-13　Stamp Terrain 选项

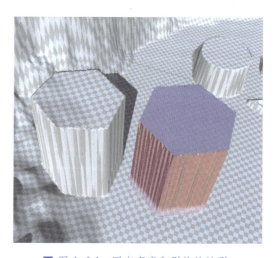

■ 图4-14　固定高度和形状的地形

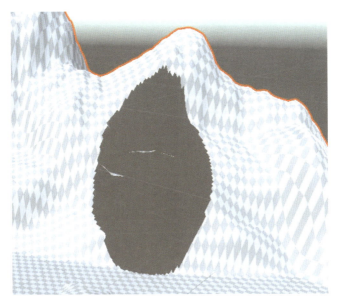

■ 图4-15 Paint Holes 选项效果

⑥ 单击 Paint Texture 选项，可对地形绘制纹理，如岩石苔藓纹理等。初次使用绘制纹理选项时层是空的，需要先创建层。单击 Edit Terrain Layers（见图4-16），然后会出现 Create Layer，继续单击 Create Layer，选择地形纹理图片（见图4-17），此时地面会全部平铺所选纹理，如图4-18所示。若想继续绘制其他纹理可重复上述步骤，选择图片并设置画刷形状、大小和强度后对地形进行绘制，如图4-19所示。

至此，便可以构建山脉。建完之后如果不满意，还能够修改吗？

当然可以。还是利用 Raise and Lower Terrain，但同时要按住【Shift】键，此时刷到已建好的山脉上时，山脉就会变矮和缩小，甚至可以用此方法将已画出的山脉完全抹掉，如图4-20所示。

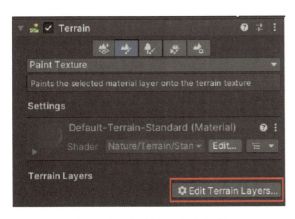

■ 图4-16 编辑地形纹理层

■ 图4-17 选择纹理图片

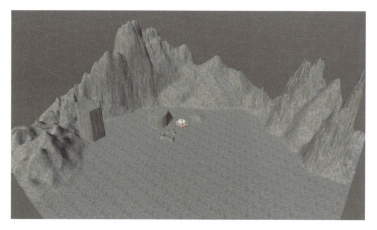

■ 图 4-18　初次选择纹理效果

■ 图 4-19　不同纹理效果

 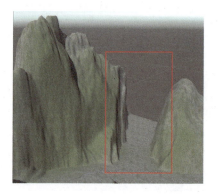

（a）使用选项+【Shift】键之前　　　　　　　　（b）使用选项+【Shift】键之后

■ 图 4-20　使用选项+【Shift】键修改山脉

第 4 章 Unity 地形系统

  练习题

简答题：

如何销毁所构建的地貌？

4.2 如何添加树木

如何添加树木

在地形初步创建后可在地形上添加丰富的元素，本节主要讲解如何栽树并编辑。

 知识点

（1）在地形上添加树木。

（2）编辑树木。

1. 添加树木

有了地形，就可以在上面添加一些树木了。

还是在 Hierarchy（层级）面板中选择 Terrain（地形），然后在其 Inspector（检视）面板中找到 Terrain 工具条，选择第三个，单击其下的 Edit Trees（编辑树木）按钮，选择 Add Tree（添加树木）便可打开 Add Tree 对话框，单击右侧的圆圈，弹出 Select GameObject（选择游戏对象）对话框，选择想种的树，最后单击 Add 按钮，如图 4-21 所示。

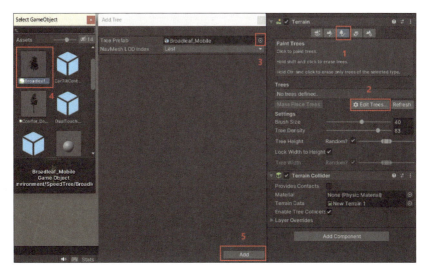

图 4-21 选择树木

2. 编辑树木

接下来，将鼠标指针放置场景中，会看到画刷覆盖的区域，这便是种树的范围，如图4-22所示。在Inspector面板中调整其参数Brush Size（画刷尺寸），使其改变覆盖范围的大小；调整参数Tree Density（树的密度）和参数Tree Height（树的高度），其中，Tree Height后面有一个"Random？"（随机数）选项，勾选该选项后其树的高矮是按随机数分布的，随机数的取值范围在其后的滑动条中确定，如图4-23所示。

■ 图4-22 种树的范围

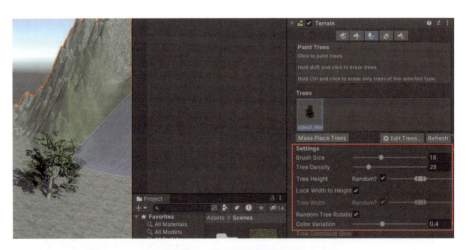

■ 图4-23 种树参数设置

此时，只要单击鼠标左键或者连续按住左键移动鼠标，便可看到有树木随机栽放在场景中，也可以添加多种树进行栽种，如图4-24所示。

第 4 章　Unity 地形系统

■ 图 4-24　在场景中栽树

练习题

简答题：

如何销毁所栽的树？

如何添加草坪

4.3　如何添加草坪

在地形初步创建后可在地形上添加丰富的元素，本节主要讲解如何种草并编辑。

知识点

（1）在地形上种草。
（2）草坪的编辑。

1. 添加草坪

在 Terrain（地形）上也可以布置草坪，方法与栽树类似，但需要选择 Terrain 工具条的第四个工具，然后单击 Edit Details（编辑细节），选择 Add Grass Texture（加入草坪材质），在弹出的 Add Grass Texture 对话框中单击 Detail Texture（细节材质）后面的圆圈，选择一个草的样式，再单击 Add 按钮，如图 4-25 所示。

91

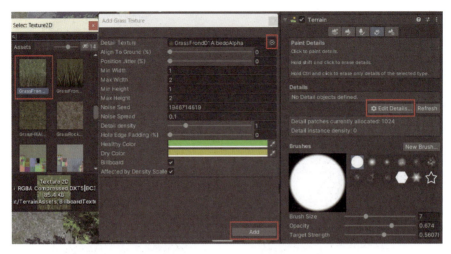

■ 图 4-25　选择草坪材质

2. 编辑草坪

选择笔刷样式和笔刷大小，在场景中单击地形，即可在地形的相应位置添加上草坪，如图 4-26 所示。

■ 图 4-26　在地形上添加草坪

草坪实际上是很消耗计算机资源的，如果添加过多，会让游戏运行不流畅。其实，可以通过鼠标左键+【Shift】键来减少已添加的草坪数量，这个方法类似于对山脉的修改。同样，也可用这个方法调整上一节中添加过多的树木。

Unity 还自带了优化功能，在距离草坪较远时，草坪会自动消隐不再渲染，这样玩家就看不到草坪，但当玩家走近草坪时，草坪又会自动显现出来，如图 4-27 所示。这种做法在游戏中经常被使用，用以提高效率，减少计算量。

第 4 章 Unity 地形系统

■ 图 4-27 距离远时草坪自动消隐

练习题

简答题：
已在地上种了草，为何有时会看不见？

4.4 如何添加水和风

如何添加水和风

在地形初步创建后，可在地形上添加丰富的元素，本节主要讲解如何添加水和风。

知识点

（1）添加水资源。
（2）添加风能。

1. 添加水

有山就应该有水，接下来，在场景中添加水的效果。

在 Project（项目）面板中找到 Assets（资源）→ Standard Assets（标准资源）→ Environment（环境）→ Water（水）→ Water（水）→ Prefabs（预制件）→ WaterProDaytime（白天的水）选项，将其拖入场景中，如图 4-28 所示。

93

■ 图4-28 添加水资源

此水资源是一个模型,可以调整它的大小和位置,将其布满地形,单击"运行"按钮,便会看到图4-29所示的效果。

■ 图4-29 游戏运行时水的效果

在图4-29中,既能看到水的波纹和反光,也能看到其他游戏对象在水面上的倒影,其实还有更逼真的效果,但在这张图上无法显现,就是水面实际上是流动的。

在标准资源包中还有另一种水的模型。即在Project面板中找到Assets→Standard Assets→Environment→Water→Water4→Prefabs→Water4Advanced选项,它是一种带有波浪效果的水模型,将其拖入场景中,会看到图4-30所示的效果。

■ 图 4-30　带有波浪效果的水模型

2. 添加风

在这个场景中，水是动的，草也是动的（自带的功能），但树不动。要想让树动起来，就得有风，在 Unity 中也有风的效果。

单击 GameObject → 3D Object → WindZone（风区）命令，在 Scene（场景）视窗中便可看到一个立体的箭头，代表风向，如图 4-31 所示。

■ 图 4-31　添加风区

可以调整其大小和方向，和 Directional Light 一样，调整位置对风区没有影响，然后再重新运行即可看到树木也逐渐动起来，如图 4-32 所示。

■ 图 4-32　树被风吹动

练习题

简答题：

如何让场景中的树木动起来？

4.5　如何营造雾的效果

如何营造雾的效果

在现实世界中，有三种视觉要素可以体现空间感：色彩的远近冷暖变化、体积的近大远小变化和清晰度的近实远虚变化。所以，添加雾的效果，是体现场景空间感非常好的方法。

知识点

添加雾的效果。

在现实世界中，有三种视觉要素可以体现空间感：色彩的远近冷暖变化、体积的近大远小变化和清晰度的近实远虚变化。所以，添加雾的效果，是体现场景空间感非常好的方法。

实际上，在 Unity 中添加雾的效果也十分简单。

单击 Window → Rendering（渲染）→ Lighting（光照）命令，在弹出的 Lighting 对话框中选择 Environment 选项卡，在其下有一个 Fog（雾）的属性，将其勾选，再调整雾下面的 Color（颜色）、Mode（模式）和 Density（强度）属性，如图 4-33 所示。

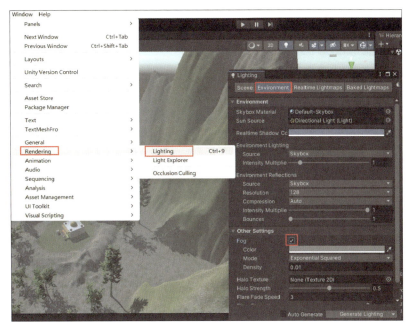

■ 图 4-33 添加"雾"

通过调节上述参数可以达到自己满意的效果。例如，将颜色调为灰色，增加强度，可以模拟雾霾的效果，如图 4-34 所示。

■ 图 4-34 雾的效果

雾不仅可以用到空气中，也可以用到水下。上一讲介绍的水的模型只是一个薄片，也就是说其水下是空的，若表现水下有物质存在，可以通过编程调用雾的属性，构建一个有纵深感的水下世界，设置雾的颜色为淡蓝色即可。

练习题

简答题:
如何让远处的场景变得虚化?

4.6 如何添加天空

如何添加天空

前面几节中讲解了丰富的地形系统的元素,但我们发现虽然有了平行光模拟太阳,天空还是灰蒙蒙的,不逼真,所以本节讲解如何添加天空。

 知识点

(1)天空盒的组成。
(2)天空盒的添加。

1. 天空盒资源

在 Unity 中,天空实际上是由六张天空的图片围起来的盒子,称为天空盒。

在 Unity 2022.x 中有一个默认的天空盒,但如果想给游戏场景换一个天空盒该怎么办呢?可以自己制作天空盒,也可在互联网上下载免费的天空盒。

网上的免费天空盒都是以资源包(如 ABC.unitypackage)的形式存在的,下载后导入 Unity 工程中即可(如前所述)。

2. 添加天空盒

资源包导入后,单击 Window→Rendering(渲染)→Lighting(光照)命令,弹出 Lighting 对话框,在 Environment(环境光照)属性下,单击 Skybox Material 后面的圆圈,出现 Select Material(选择材质)对话框,选择天空盒,如图 4-35 所示。

在其中选择一个天空盒样式,然后双击,其场景中的天空盒就会替换成所挑选的天空盒,如图 4-36 所示。

不同的天空盒样式会烘托不同的场景气氛,不妨多选几个看看效果。

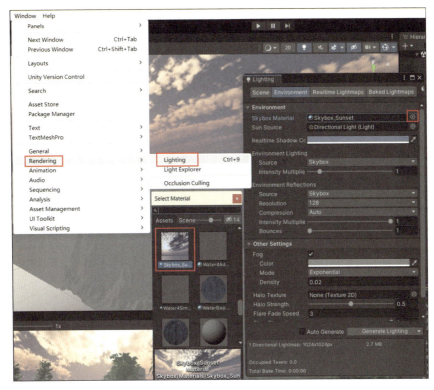

■ 图4-35 选择天空盒材质

■ 图4-36 替换天空盒的效果

练习题

简答题:

如何为构建的场景添加天空?

第5章

Unity 探索与发布

5.1 如何实现场景漫游

如何实现场景漫游

在地形系统搭建完成后,作者会想要探索自己的世界,但单一的摄像头角度不能满足场景中漫游的需求,所以本节讲解如何通过第一人称和第三人称控制器实现场景漫游。

 知识点

(1)第一人称控制器。
(2)第三人称控制器。

如果想在游戏运行时以某一特定的视角看到场景的局部,需要在 Hierarchy(层级)面板中选中 Main Camera(主摄像机),然后单击 GameObject(游戏对象)→ Align With View(视图对齐)命令,运行游戏时,才能在 Game(游戏)视窗中看到 Scene(场景)视窗中一模一样的视角,如图 5-1 所示。原理很简单,就是将主摄像机放在正对着 Scene 视窗中的方向和位置。

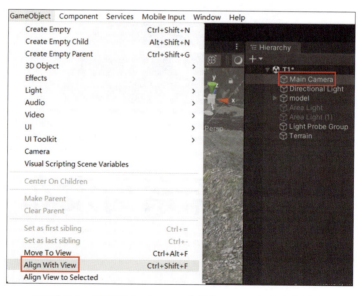

■ 图 5-1 调整 Main Camera 使其与 Scene 视窗角度对齐

本讲利用 Unity 的角色控制器功能实现场景的漫游,以解决此类问题。角色控制器也可以在 Unity 的标准资源包及 Asset Store 中找到。

单击 Assets(资源)→ Import Package(导入包)→ Custom Package(定制包)命令,弹出 Import Package 对话框,在其中找到 Standard Assets(标准资源)文件夹中的 Characters。

unitypackage 文件，然后单击"打开"按钮（见图 5-2），在弹出对话框右下角单击 Import 按钮，角色控制器包就被导入到 Unity 编辑环境中，如图 5-3 所示。

■ 图 5-2　导入角色控制器资源包

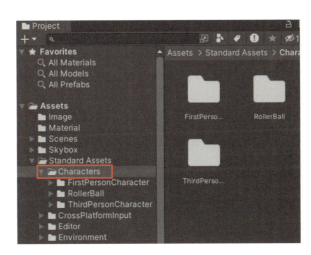

■ 图 5-3　Characters 资源

导入之后，在 Project（项目）面板的 Assets（资源）文件夹下的 Standard Assets 文件夹中可以看到多了一个 Characters（角色）文件夹。在这里可以看到 FirstPersonCharacter（第一人称角色）文件夹和 ThirdPersonCharacter（第三人称角色）文件夹。

1. 第一人称角色

打开 FirstPersonCharacter 文件夹，会看到有一个 Prefabs（预制件）文件夹，打开它，里面有两个文件，一个是 FPSController（第一人称角色控制器），另一个是 RigidBodyFPSController（刚体第一人称角色控制器）。选择 FPSController，然后将其拖入 Scene 视窗中，会看到图 5-4 所示红框中的角色。其中，有一个线框胶囊体，这是一个碰撞器；还有一个摄像机的图标，说明其上有一个摄像机；另外，还有一个喇叭图标，说明其上有声音（行走时的脚步声）。

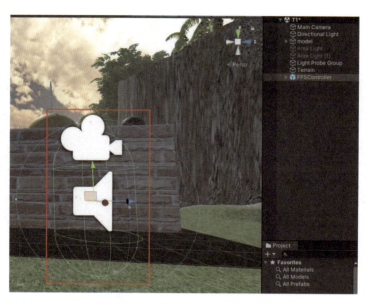

■ 图 5-4　第一人称角色控制器

单击"运行"按钮，我们仿佛置身于场景之中，移动鼠标指针可以四处观看，按【W】【S】【A】【D】键或【↑】【↓】【←】【→】键可前后左右行走，从而实现了场景漫游的效果。

值得注意的是将角色控制器拖入场景视窗中后要将其向上移动一段距离,因为刚刚拖进来时，将角色控制器的一部分放到地面之下，运行时，由于角色控制器有 Rigidbody（刚体）组件，它会受到重力的影响向下坠落，如果没有地面之类带有碰撞器的物体承载，该角色控制器会掉入深渊，在这个过程中，会看到有些对象都向上飘，说明角色在坠落，如图 5-5 所示。

■ 图 5-5　角色控制器在向下坠落

2. 第三人称角色

在上面提到的 Characters 文件夹中打开 ThirdPersonCharacter 文件夹，并打开其中的 Prefabs 文件夹，在里面找到 ThirdPersonCharacter 预制件，将其拖入场景，会看到有一个小人（角色）被放置到场景中，如图 5-6 所示。单击"运行"按钮，小人就会在那里微微晃动。此时，鼠标指针移动已经不能旋转场景的视角，但是通过【W】【S】【A】【D】键，还是可以控制小人在场景中奔跑。

■ 图 5-6　场景中的第三人称角色

但是这只是一个角色，还不能称为角色控制器，角色控制器需要有一个摄像机，像第一人称那样，代表玩家在场景中漫游。如果这里没有，需要自己给小人添加一个摄像机。

选中第三人称控制器，单击 GameObject → Camera 命令，将一个 Camera 添加到角色的身上，调整 Camera 到一个合适的位置（如角色后脑的斜上方），我们希望摄像机是和人物一起移动，所以在 Hierarchy 面板中将摄像机拖放到角色的对象名之上，使其成为角色的子对象，这样该摄像机就会跟随角色而运动，如图 5-7 所示。

■ 图 5-7　在角色身后添加跟随角色的摄像机

此时单击"运行"按钮,可看到第三人称角色在我们的控制下漫游整个场景,如图5-8所示。

图5-8　第三人称漫游

此外,再介绍一下被导入的角色模型。它不仅有一个Prefab,还有材质球以及两张模型贴图。其中一个是标准贴图,另一个被称为法线贴图,主要是用来表现角色表面的3D纹理,如图5-9所示。

图5-9　角色的法线贴图

另外,也可以改变角色材质球的颜色,使角色具有不同的视觉效果,如图5-10所示。

第 5 章　Unity 探索与发布

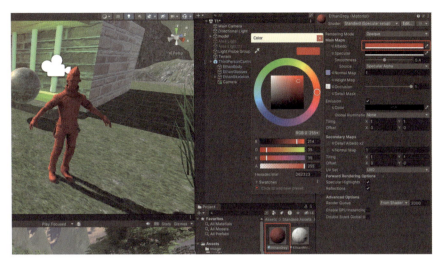

■ 图 5-10　改变角色材质球的颜色

 练习题

操作题：

① 为场景添加第一人称控制器，并漫游整个场景。

② 为场景添加第三人称控制器，并漫游整个场景。

5.2　如何导入外部模型

如何导入外部模型

随着场景设计的深入，会产生应用更复杂的模型的需求，但 Unity 自身只能完成基本物体的搭建，这时就需要导入外部模型。

 知识点

（1）外部模型的导入。

（2）导入模型的组成。

Unity 中最常用的模型文件格式是 .fbx，使用 3ds Max 或 Maya 等 3D 建模软件做出来的模型，其导出的 .fbx 格式也可放在 Unity 中使用。

本讲以一个自制模型为例进行介绍。

在这套模型中,有一个 cjdy.fbx 文件和一个 cjdy.psd 贴图文件。在 Unity 编辑环境下的 Project(项目)面板中的 Assets(资源)文件夹下新建 Models(模型)文件夹,将这两个文件同时拖入其中,如图 5-11 所示。

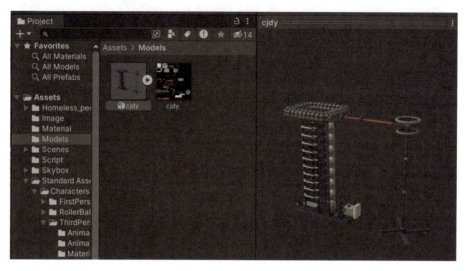

■ 图 5-11　拖入的模型文件

直接将这个模型预制件拖入 Scene(场景)视窗中,便会看到这个电气模型的完整形态,如图 5-12 所示。

■ 图 5-12　模型拖入场景

但是,有时会遇到模型与贴图没能恰当地匹配,此时若将模型预制件拖入 Scene 视窗中,其被添加的模型预制件就会变得光秃秃的,如图 5-13 所示。

■ 图 5-13 找不到贴图的模型

贴图文件不能直接拖放到光秃秃的模型身上，模型身上的贴图要通过材质球才能给角色添加上。

找到此模型的材质球，然后在 Inspector（检视）面板中的 Main Maps（主图）下找到 Albedo（反射率），单击其前面的圆圈，弹出 Select Texture（选择材质）对话框，找到 cjdy.psd 的贴图并选择，此时便可看到 Scene 视窗中的模型上已经附着上了相应的贴图。

 练习题

操作题：
导入外部角色模型到场景中。

5.3 如何发布 Unity 游戏

如何发布 Unity 游戏

我们已经在 Unity 中完成了不少工作，但若想让这些内容被他人看到和使用就需要对工程进行打包发布，发布后的程序就可以被他人使用。

知识点

Unity 游戏的 PC 发布方法。

现在我们要测试一下所做实例的运行效果，需要把实例发布到 PC 上，使其可以脱离 Unity 的开发环境，并在个人计算机上独立运行。步骤如下：

（1）在打开的工程下单击 File（文件）→ Build Settings（发布位置）命令，弹出 Build Settings 对话框，如图 5-14 所示。

在对话框左侧的"Platform"（平台）目录下，可以看到 Unity 可以发布到 Windows 系统、Mac 系统和 Linux 系统，也可以发布到 iOS 系统、Android 系统等多种平台上，当然各种平台的发布还需要一些其他的配置才能完成，其中 Windows 系统较为简单，我们以它为例做一个游戏项目发布的介绍，所以选择"Windows,Mac,Linux"选项，如图 5-14 所示。

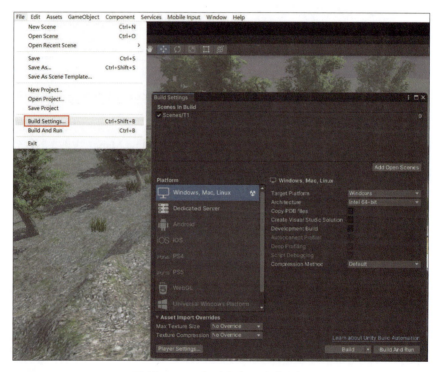

■ 图 5-14 打开发布设置对话框

（2）将场景文件拖入 Scenes In Build（发布中的场景）中，或者单击 Add Open Scenes 按钮添加当前场景，如图 5-15 所示。只有将游戏中的场景文件加入该视窗中，将来玩家才有可能看到所设计的游戏内容，游戏场景就是承载游戏内容的地方，此步骤较容易被忽略。

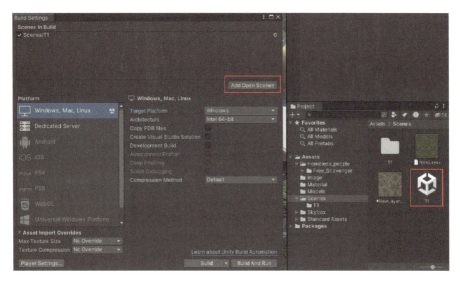

■ 图 5-15　将游戏场景加入 Scenes In Build 视窗中

（3）单击 Build（发布）按钮，选择保存位置，将发布出来的文件保存到硬盘中，如图 5-16 所示。

■ 图 5-16　发布的文件

图 5-16 所示发布出来的文件有多个，其中，My project.exe 是 Windows 下的可执行文件，My project_Data 文件夹中存放的是该游戏的数据文件，这些文件缺一不可，而且相应的文件名和相对路径位置不能改变。

（4）发布完成之后，可以将此组文件复制到任何一个带有 Windows 的 PC 上运行，无论该 PC 上是否安装了 Unity 引擎。

运行时，双击可执行文件，默认全屏显示游戏，如图 5-17 所示。

■ 图 5-17　游戏运行效果

值得注意的是，我们做的实例到现在为止还不完整，至少在此游戏中还没有"退出"按钮，一旦运行游戏该如何退出呢？

如果是以全屏的形式运行，只能用强制退出手段，即按组合键【Alt+F4】退出。

如果是以窗口的形式运行，右上角会有一个"关闭"按钮，单击它即可退出。窗口形式在发布时可以设置，方法如下：单击图 5-15 左下角的 Player Settings 发布设置，选择左侧 Player 选项，找到 Resolution 下的 Fullscreen Mode 选项，下拉菜单中选择 Windowed，其下可以设置窗口分辨率等参数。设置完成后单击"关闭"按钮，如图 5-18 所示。单击图 5-15 中的 Build 按钮，即可发布。

■ 图 5-18 发布设置窗口播放

练习题

操作题：

将游戏发布出来，然后在一个没有 Unity 开发环境的计算机上运行。

第6章

Unity 动画系统

6.1 如何制作动画

如何制作动画

Unity 的功能很强大，这其中就包括制作简单的动画。本节主要讲解 Unity 自带的动画工具。

 知识点

动画制作工具 Animation 的使用。

动画制作是游戏引擎的基本功能。

本节主要介绍 Unity 游戏引擎的动画制作工具 Animation（动画），用此工具可以制作一些基本的动画效果。步骤如下：

（1）选中一个游戏对象，这里选择前例中的立方体 Cube，然后单击 Window → Animation → Animation 命令，便可以打开 Unity 的动画制作系统 Animation 视窗，如图 6-1 和图 6-2 所示。

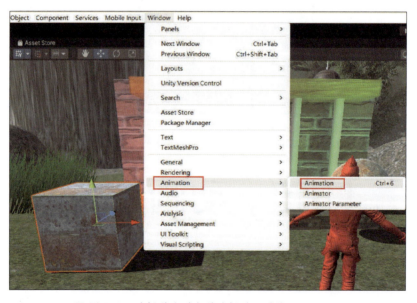

■ 图 6-1 选择游戏对象并选择动画系统 Animation

（2）在图 6-2 所示的右框中单击 Create（创建）按钮，弹出 Create New Animation（创建新动画）对话框，给新创建的动画起一个名字，并找一个位置存放，然后单击"保存"按钮，保存动画文件，如图 6-3 所示。

（3）进入动画工具 Animation 编辑环境，如图 6-4 所示。

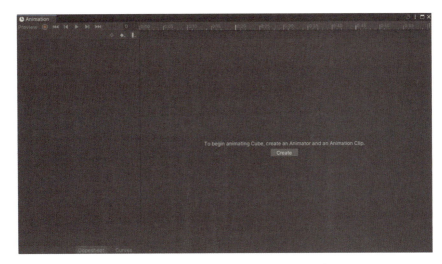

■ 图 6-2 动画制作系统 Animation 视窗

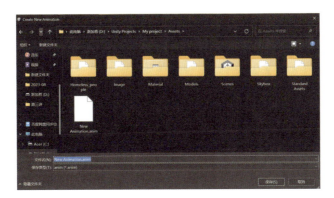

■ 图 6-3 保存动画文件

■ 图 6-4 Animation 动画编辑环境

（4）利用动画编辑器对场景中的这个立方体做一个水平旋转的动画。

Animation 动画编辑器分左右两部分：左面是制作动画的各种工具，右面是承载动画的时间线。在动画编辑器的工具栏中有一个红色的圆点按钮，这是"录制"按钮，就是说动画是被录制下来存到文件中的，当前圆点若是红色，表示此动画编辑器正处于录制状态。

单击 Add Property（添加属性）按钮，为这个动画添加一个属性，如图 6-5 所示。

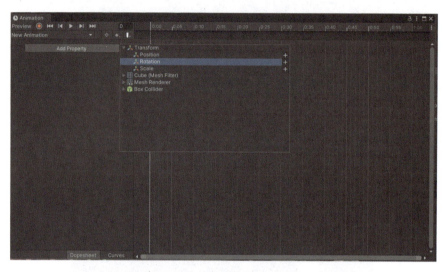

■ 图 6-5　为动画添加一个属性

由于要做一个水平旋转动画，所以在弹出的下拉列表中单击 Transform（变换）→ Rotation（旋转）后面的"+"号，就会看到在左侧添加了一个旋转属性，如图 6-6 所示。

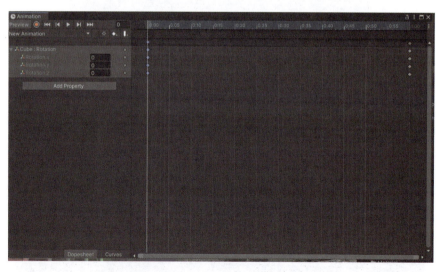

■ 图 6-6　为动画添加的旋转属性

此时可以看到，动画编辑器的左边可以允许游戏对象分别绕 X、Y、Z 三个轴进行旋转，而编辑器的时间轴上会有一些菱形的点，这是所谓的关键帧。

　　Unity 中的动画是帧动画。帧是指动画中最小单位的单幅画面或单个音符，相当于电影胶片上的每个格镜头。关键帧就是动画中的关键画面，一般是在动画中起转折变化的画面，动画设计中的原画一般都是动画中的关键帧。

　　在一个动画中至少有两个关键帧，即首帧和尾帧，它们是动画最大的转折，首帧是动画从无到有，尾帧是动画从有到无。

　　在 Unity 中制作动画只需要设置关键帧，其他的帧由动画制作工具自动给添加上。

　　我们要做的动画是让 Cube 在水平面上旋转，所以只要设置属性 Rotation.y（Cube 绕 Y 轴旋转）的两个关键帧的角度即可。当前两个关键帧中的角度都是 0，选择第二个关键帧（在 1:00 秒处），将 Rotation.y 的值改成 90，单击"运行"按钮，便看到 Cube 旋转起来。

　　（5）关掉 Animation 窗口，回到 Unity 界面后，单击"播放"按钮，此时在 Game 视窗中看到 Cube 正在水平旋转，于是动画制作完成。

　　观察 Cube 的 Inspector 面板，发现多了一个 Animator（动画器）组件，它主要是用来控制动画的。

　　现在想将 Cube 旋转一定的角度（见图 6-7），然后再让它在水平面上旋转起来。发现此动画仍然以原有的状态旋转，即使已将 Cube 的初始角度改变。

■ 图 6-7　将 Cube 旋转一定的角度

　　正确的做法是，先将原有的动画卸掉，即删掉 Cube 在 Inspector 面板中的 Animator 组件，然后再重新为 Cube 做一个以此姿态沿水平面旋转的动画。

　　Animation 动画编辑器不仅能做旋转动画，还可做平移等其他动画。我们再用场景中的那个球体（Sphere）做一个动画的例子。

　　跟前面做动画的步骤类似，先选择 Sphere，然后单击 Window → Animation → Animation 命令，打开 Animation 动画编辑器。

添加属性时，添加 Transform（变换）下的 Position（位置）属性，在该属性时间轴的 0:30 处添加一个关键帧（选择 0:30 处，然后单击"添加关键帧"按钮）。选择此关键帧，将 Position.y 的值改成 4，如图 6-8 所示。此时单击"运行"按钮，Sphere 就会在垂直的方向上振荡起来。

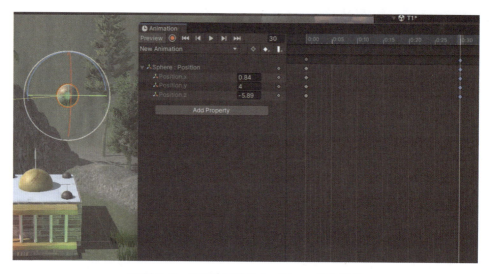

■ 图 6-8　设置关键帧的 Position.y 的位移量

若想进一步编辑动画的细节，也可以利用 Animation 编辑器中的曲线编辑功能。单击 Curves（曲线）按钮，将曲线编辑时间轴打开，在这里可以通过添加关键帧，以及调节曲线的形状和其上关键帧的位置对动画的节奏和方式进行改变，如图 6-9 所示。

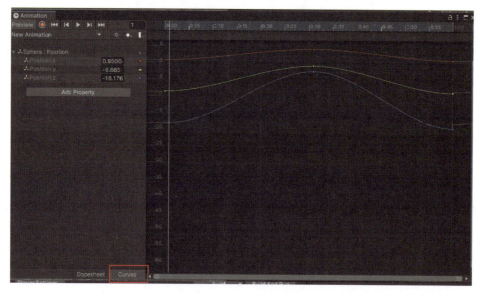

■ 图 6-9　Animation 的曲线编辑功能

练习题

操作题：
① 做一个旋转的电风扇。
② 做一个拉门的动画。

6.2 如何编辑角色动画

如何编辑角色动画

Unity 的 Animation（动画编辑器）只能做一些简单的动画，而像角色动作之类的动画是需要外围的 3D 建模软件（3D Max、Maya 等）来制作的。一般来讲，在外围建模软件中，对角色动画的设计是连贯的和一整套的。如果在游戏设计中，我们只希望用到其中某些局部的动作，或者想重新编排角色的动作顺序，就需要用到自带的动画系统。

知识点

（1）动画系统 Mecanim。
（2）动画重定向。
（3）动画片段的裁剪。
（4）Animator 的动画状态机。

1. 动画系统

可以使用 Unity 动画系统针对外部模型自带的动画进行重新编辑，以产生游戏中想要的效果。

本节以前文中 Ethan 模型为例，介绍角色动画的编辑方法。

导入辅助模型 M1，将其放在 Models 文件夹中备用。

将 Assets → Standard Assets → ThirdPersonCharacter → Models 中的 Ethan 模型拖入场景中等待编辑动画。

选中 Ethan 模型，在其 Inspector（检视）面板中可以看到四个模块：Model（模型）、Rig（绑定）、Animation（动画）、Materials（材质），如图 6-10 所示。

若想让 Ethan 动起来可以回想上一节制作 Cube 的旋转动画时，其 Inspector 面板中会产生一个 Animator 组件。所以需要对 Ethan 模型创建一个 Animator Controller 并添加动画控制。步骤如下：

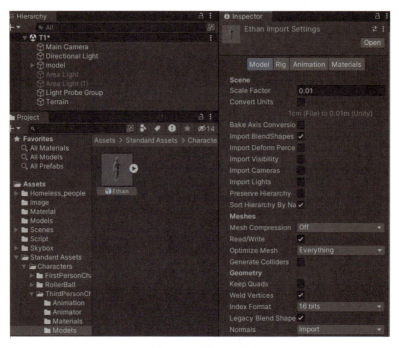

■ 图 6-10 模型的特征

（1）选择 Project → Assets 命令，并在文件夹中的空白处单击右键，在弹出的快捷菜单中选择 Create（创建）→ Animator Controller 命令，便创建了一个新的动画控制器 New Animator Controller，如图 6-11 所示。

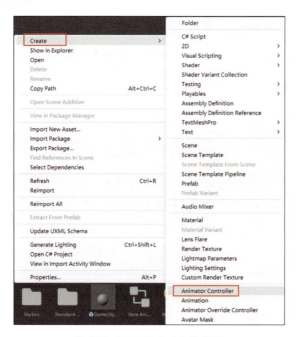

■ 图 6-11 创建动画控制器

（2）双击打开编辑界面，将 Models 文件夹内 M1 下的 ani01 动画拖入编辑界面，如图 6-12 所示。

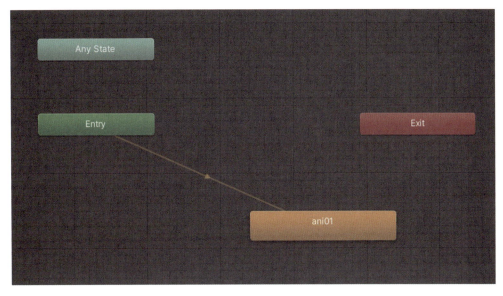

■ 图 6-12　编辑 New Animator Controller

（3）单击 Hierarchy（层级）面板中的 Ethan，并将 New Animator Controller 拖入到 Inspector 面板中 Animator 组件的 Controller 后面的参数框中，如图 6-13 所示。

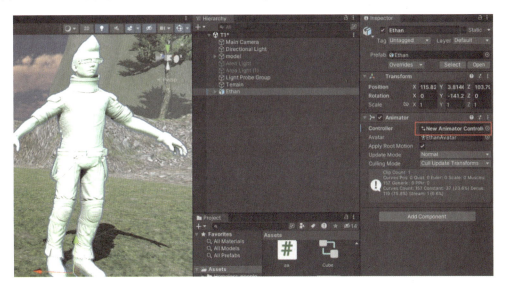

■ 图 6-13　将动画控制器拖入到 Controller 的参数框中

（4）此时单击"运行"按钮，场景中的角色就动起来了，如图 6-14 所示。

■ 图 6-14 动起来的角色

■ 图 6-15 设置动画循环

可惜的是，Ethan 只打了一套拳就停了下来，如何能让其连续打拳？

要想让 Ethan 连续打拳，可以在状态机中复制一个动画片段，然后，让两个同样的动画片段产生循环。或者更简单的，可以单击 M1 模型预设中 Animation 下 ani01 动画选项中的 Loop Time 复选框，如图 6-15 所示。

一个角色有些孤单，可以使用快捷键【Ctrl+D】复制出更多角色，形成一个团队。由于所有的角色用的都是一样的动作片段，所以，在播放状态下这些角色的动作都一模一样，十分整齐，如图 6-16 所示。

■ 图 6-16　Ethan 团队整齐做动作

2. 动画片段的裁剪

如果希望有些角色在打拳的基础上有不同的动作该怎么办呢？

一个简单的想法就是不同的角色使用不同的动画片段，解决方法之一是将这个动画片段拆分，然后重新组合，这样就会组合出不同的拳法动画。

可以在 M1 模型的 Animation 模块中对现有的动画片段进行分解。步骤如下：

（1）选择 Project 面板中的 Models → M1 模型，在 Inspector 面板中选择 Animation 选项卡，然后单击动画片段下面的"+"号，添加一个新的动画片段，如图 6-17 所示。

（2）将其命名为 ani02，如图 6-18 所示。

■ 图 6-17　创建新的动画片段

■ 图 6-18　为动画片段命名

图 6-19　设置动画片段的动画范围

再通过改变 Start（起始帧数）和 End（终止帧数）的参数，来截取原动画片段（ani01）的局部片段作为新动画片段动作范围。用此方法，分解出两个动画片段 ani02 和 ani03，可以通过单击不同片段的播放按钮查看动画效果，如图 6-19 所示。

（3）再新建两个 Animator Controller，其中一个命名为 New2 Animator Controller，并将动画片段 ani02 拖入其状态机中；另一个命名为 New3 Animator Controller，并将动画片段 ani03 拖入其状态机中，如图 6-20 和图 6-21 所示。

（4）将 New2 Animator Controller 拖入其中两个 Ethan 角色模型的 Animator 组件下的 Controller 参数框中，如图 6-22 所示。同上，将 New3 Animator Controller 拖入另外两个角色模型中。

图 6-20　ani02 状态机结构

图 6-21　ani03 状态机结构

第 6 章 Unity 动画系统

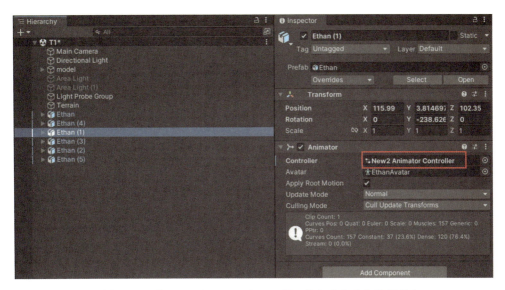

■ 图 6-22 将 New2 Animator Controller 拖入角色动作控制器中

（5）运行此场景，便会看到这些角色的动作有所不同，如图 6-23 所示。

■ 图 6-23 不同动作的 Ethan 角色

于是，我们用分解动画片段和对这些动画片段的重新组合完成了角色动画的重定义。

然而，这些动画片段再怎样组合也无法组合出超出原有动画片段之外的动作。若想让角色有更多的动作，难道一定要重新制作动画吗？读者可自行尝试。

练习题

操作题：
导入一个带动画的模型，并将其动画分解，重新组合，使角色重新动起来。

125

6.3 如何实现复合动画

如何实现复合动画

上一节对 Unity 的动画系统进行了讲解,为了进一步丰富动画状态机的功能,本节讲解用动画融合树实现复合动画的功能。

 知识点

动画融合树。

本讲再介绍一种新的丰富动画的方法,即利用状态机中的动画融合树技术,将两个或多个动画融合到一起,实现复合动画的效果。步骤如下:

(1)新建场景,单击 File → New Scene → Basic(Build-in) 命令,建立新的基本场景,然后用快捷键【Ctrl+S】保存场景,如图 6-24 所示。

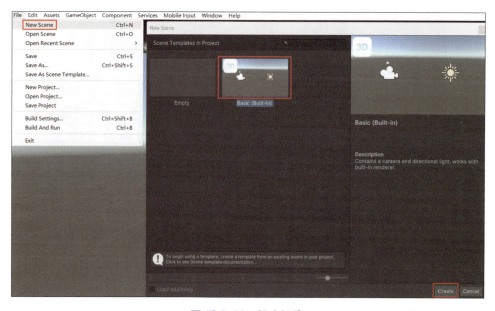

■ 图 6-24 新建场景

(2)使用 5.1 节中 Standard Assets(标准资源)文件夹中 Characters 文件夹下的 ThirdPersonCharacter(第三人称角色)名为 Ethan 的模型进行讲解,如图 6-25 所示。

(3)单击 GameObject → 3D Object → Plane 命令在场景中创建一个平面,然后将角色拖入场景中,如图 6-26 所示。

第 6 章 Unity 动画系统

■ 图 6-25 使用模型

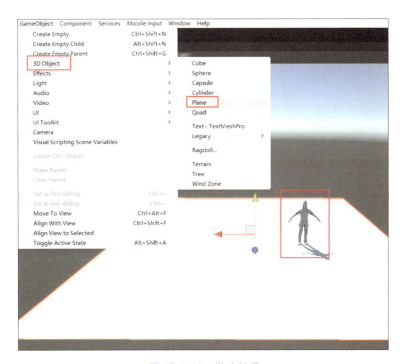

■ 图 6-26 搭建场景

（4）单击 Project → Assets 命令，并在文件夹中的空白处单击右键，在弹出的快捷菜单中选择 Create（创建）→ Animator Controller 命令，命名为 Ethan Animator Controller。然后单击 Hierarchy（层级）面板中的 Ethan，并将 Ethan Animator Controller 拖入到 Inspector 面板中 Animator 组件的 Controller 后面的参数框中，如图 6-27 所示。

127

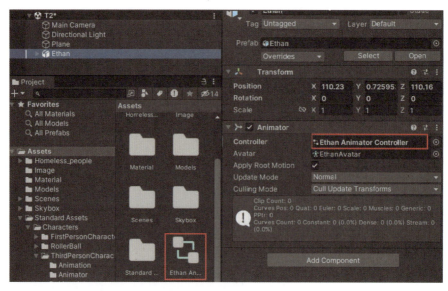

■ 图6-27 拖入动画状态机

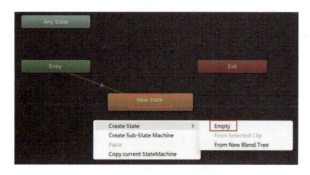

■ 图6-28 创建新状态

（5）双击打开Ethan Animator Controller状态机，在空白处右击Create State→Empty，创建新的状态，如图6-28所示。

（6）单击此状态，修改名字为Idle，在Inspector面板下Motion中选择悬停动画HumanoidIdle，如图6-29所示。

■ 图6-29 为动画状态机添加悬停动画

此时，若单击运行可看到角色在场景中的 Idle 悬停状态，如图 6-30 所示。

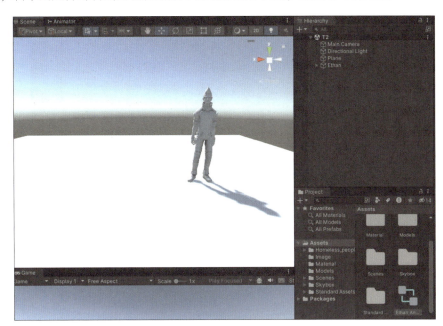

■ 图 6-30　角色的悬停动画

（7）在动画控制器编辑环境的空白处右击，选择 Create State → From New Blend Tree 命令，再添加一个动画融合树，如图 6-31 所示。

（8）修改 Inspector（检视）面板下的名称，将此融合树结点名改为 run，并从 Idle 添加连接到 run，如图 6-32 所示。

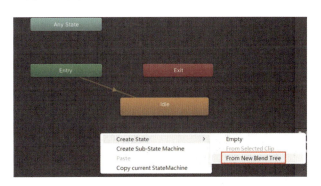

■ 图 6-31　创建动画融合树

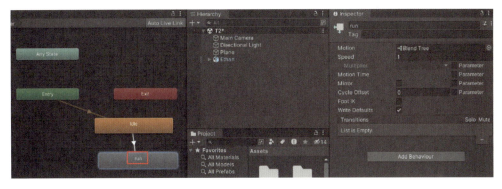

■ 图 6-32　重命名融合树

动画融合树实质上是一个复合的结点，里面可以并行设置多个动画结点。双击它时，便可进入动画融合树的编辑环境，如图 6-33 所示。

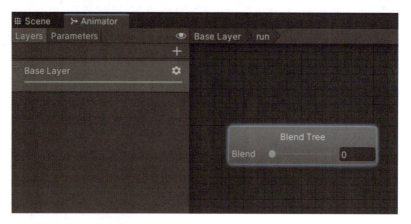

■ 图 6-33　动画融合树的编辑环境

在这里动画融合树由一个名字（Blend Tree）和一个参数（Blend）组成，参数可利用滑块的移动或参数值的修改来调整复合动画的使用比例。

（9）我们在左侧的 Parameters（参数）面板下单击"+"号，选择 float，创建一个浮点型的参数并把参数名修改成 Direction（方向）；然后将 Inspector 面板下的参数名改成 Direction，此时，动画融合树结点上的参数名也被改成 Direction，如图 6-34 所示。

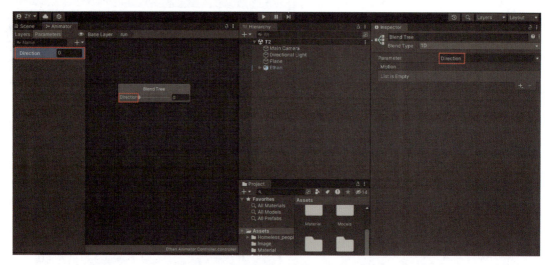

■ 图 6-34　为动画融合树结点创建参数

（10）单击 Inspector 面板下 Motion（动画）后面的"+"号为动画融合树添加动画结点，并单击 Motion 中 None（Motion）后面的圆圈为其添加动画片段，如图 6-35 所示。

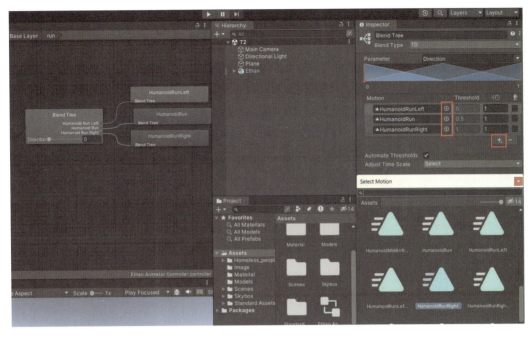

■ 图6-35　为动画融合树添加节点及动画

添加完动画片段之后,动画融合树就被真正地建立起来,它是由一个三分支的动画状态机组成的,并在 Inspector 面板中有三个分支融合的占比图,如图6-36所示。

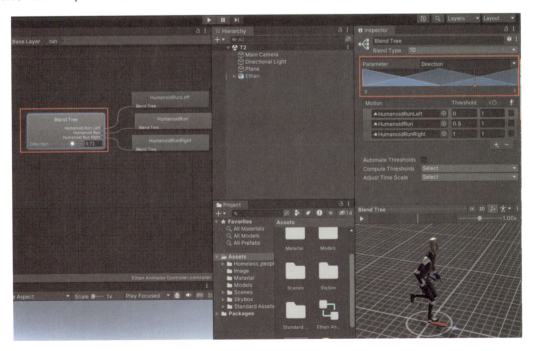

■ 图6-36　动画融合树及其动画占比图

这个动画占比图表达的是三个动画之间的融合比例，它是由参数 Direction 控制的，Direction=0、Direction=0.5 或 Direction=1 分别代表三个动画片段各自占比最大（占比图中三角形的最高点），Direction 在 0 ~ 1 之间的其他的数值便代表两个动画片段的融合的不同程度，它代表着两种动画混合在一起的效果。在此例子中，这些数值往往代表角色向前左转弯跑或向前右转弯跑，于是实现了两种动画的复合表现。也可将 Direction 的取值范围改成 [-1,1]。即往左跑的值是 -1、往前跑的值是 0、往右跑的值是 +1，其他的数值代表两种奔跑的复合动画，这样可以扩大 Direction 的取值范围，同时为下一讲通过程序改变此融合树的控制参数做准备，如图 6-37 所示。

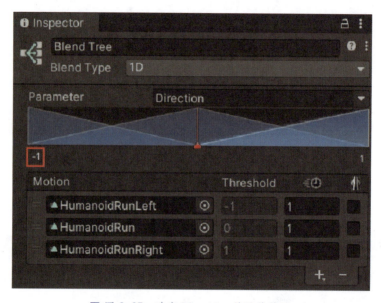

■ 图 6-37　改变 Direction 的取值范围

现在，可以通过滑动融合树上的滑块来实现角色动画的复合播放。当然，不可能让玩家进入 Unity 编辑环境去调整这个滑块来改变复合动画的姿态，这一功能的实现需要在脚本程序中设置，玩家只能通过输入设备改变其角色的奔跑方式。

 练习题

操作题：
做一个边跑边跳的动画。

6.4 C# 基础

Unity 引擎是一个功能强大的游戏编辑环境,但是若没有脚本语言的帮助,仍不能满足游戏开发者的需求。例如,游戏中人机交互功能(通过鼠标、键盘等设备与游戏交流)的实现,绝大部分都需要编程。在早期版本中 Unity 共支持三种脚本语言进行开发,但随着发展只留下使用最多功能最为全面的 C# 语言。C# 语言是基于 .net 的网络脚本语言,本节主要对 C# 基础进行简单讲解,为后文在 Unity 中使用简易脚本打下基础。

1. C# 数据类型

C# 中的数据类型可以分为值类型和引用类型,其作用主要是定义变量以何种方式存储。值类型包括整型、浮点型、字符型等,引用类型包括类、接口、委托数组等。可以通过变量来声明和定义数据类型。

(1)值类型

值类型主要是存储数值的,在 C# 中常用的值类型如下:

bool:表示逻辑值,取值为 true 或 false。

byte:表示 8 位无符号整数,取值范围为 0 到 255。

char:表示单个 16 位 Unicode 字符。

shor:表示 16 位有符号整数,取值范围为 -32 768 到 32 767。

int:表示 32 位有符号整数,取值范围为 -2 147 483 648 到 2 147 483 647。

ulong:表示 64 位无符号整数,取值范围为 0 到 18 446 744 073 709 551 615。

float:表示单精度浮点数,取值范围为 -3.4e38 到 3.4e38。

double:表示双精度浮点数,取值范围为 -1.7e308 到 1.7e308。

从以上类型中可以看出每一种值类型都有其固定含义,也都有固定的取值范围,即该类型下所能表示的最大、最小值组成的范围。

(2)引用类型

引用类型存储的是对实际数据的引用。在 C# 中常用的引用类型如下:

class:类类型,用关键字 class 声明。类是用户自定义的数据类型,是面向对象编程的基本单位,是对某一类事物属性、行为的封装,一般可以包含字段、属性、方法等成员,示例代码如下:

```
class MyClass{ }
MyClass obj = new MyClass();        //obj 是类的引用
```

array:数组类型,用关键字 array 声明。数组是用于存储相同类型元素的集合。数组的每个元素都是通过索引访问的，并且数组在内存中占用连续的空间，示例代码如下：

```
int[] myArray = new int[10];        // myArray是整型数组的一个引用
```

interface：接口类型，用关键字 interface 声明。用于定义一组方法、属性和事件，接口中定义的成员不包含实现，一个类可以实现多个接口，示例代码如下：

```
interface IMyInterface { }           // IMyInterface是一个接口的引用
```

string：字符串类型，用关键字 string 声明。字符串是一种特殊的引用类型，它是不可变的，意味着字符串对象一旦创建，其内容就不能更改。字符串通常用于存储文本数据，示例代码如下：

```
string myString = "Hello World";     // myString是字符串的一个引用
```

delegate：委托类型，用关键字 delegate 声明。委托是一种特殊参数列表和返回类型的方法的引用，用于封装方法作为参数传递或赋值给变量。委托的实例可以指向一个方法，在调用时执行该方法并可以将委托作为参数传递给其他方法，示例代码如下：

```
delegate void MyDelegate(string message);   // MyDelegate是一个委托的引用
```

引用类型的一个主要特点是，多个引用可以指向同一个对象，对一个引用的修改会影响到所有引用指向的对象。

2. 变量与常量

在 C# 中要区分变量和常量的概念并正确使用。变量是具有名称和数据类型的存储单元。可以通过变量名来访问和修改变量的值。常量是固定值，初始化后就不会改变，常量可以当作特殊的变量，并不能在程序执行期间修改。

（1）变量

变量需要先进行声明，然后才能使用。变量的声明指定了变量的类型，以及变量在内存中的存储位置。一旦声明了变量，您可以在程序的任何地方使用它，并且可以在程序运行时更改其值，示例代码如下：

```
int myVariable = 1;       // 声明一个名为myVariable的整数变量，并初始化为1
myVariable = 2;           // 更改变量的值为2
```

（2）常量

常量是在程序运行期间其值不能被改变的标识符。一旦给常量赋值后，其值就不能再被修改。在 C# 中，可以使用 const 关键字来声明一个常量，示例代码如下：

```
const int myConstant = 1;   // 声明一个名为myConstant的整数常量，并初始化为1
 myConstant = 2;            // 这行代码会导致编译错误，因为常量的值不能被修改
```

总结起来，变量和常量的主要区别在于它们的值是否可以改变。变量的值可以在程序运行时被修改，而常量的值一旦被设置，就不能再被改变。此外，常量还有其他的特性，比如它们的值必须在声明时就确定下来，而变量的值可以在声明后的任何时间点被赋予。

3. 顺序结构

C# 中的顺序结构是指按照代码的顺序执行程序的过程。在 C# 中，程序通常按照代码的顺序从上到下执行，因此顺序结构是最基本的程序流程结构之一。该结构较为容易理解，流程图如图 6-38 所示。

示例代码如下：

```
using System;
class Test1
{
    static void Main(string[] args)
    {
        int a = 1;
        int b = 2;
        int c = x + y;
        Console.WriteLine("The sum of a and b is: " + c);
    }
}
```

4. 选择结构

C# 中的选择结构是指程序要处理的步骤出现了分支，程序需要根据条件判断的结果来执行不同的代码块。选择结构通常用于实现程序中的条件判断和分支流程，流程图如图 6-39 所示。

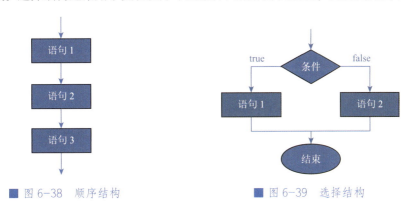

■ 图 6-38　顺序结构　　　　■ 图 6-39　选择结构

下面介绍选择结构中的三种常用语句。

（1）if 语句

if 语句用于根据一个布尔表达式的值来决定是否执行特定代码。如果表达式的值为 true，则执行代码块，否则跳过该代码块。语法格式如下：

```
if (条件)
{
    // 如果条件为真,则执行此代码块
}
```

示例代码如下：

```
if (a>=b)
{
    Console.WriteLine("a is larger!");           // 如果a>=b为真,则输出a更大
}
```

（2）if…else 语句

if…else 语句用于根据条件判断的结果执行两个不同的代码块之一。如果表达式的值为 true，则执行 if 后面的代码块；否则执行 else 后面的代码块。语法格式如下：

```
if (条件)
{
    // 如果条件为真,则执行这里的代码块1
}
else
{
    // 如果条件为假,则执行这里的代码块2
}
```

示例代码如下：

```
if (a>=b)
{
    Console.WriteLine("a is larger!");           // 如果a>=b为真,则输出a更大
}
else
{
    Console.WriteLine("b is larger!");           // 如果a>=b为假,则输出b更大
}
```

（3）switch 语句

switch 语句用于根据一个表达式的值来选择执行多个不同的代码块之一。使用 switch 语句可以替代多个 if…else 语句，提高代码的可读性和维护性，语法格式如下：

```
switch (表达式)
{
    case 值1:
        // 如果表达式的值为值1,则执行这里的代码块1
        break;
    case 值2:
        // 如果表达式的值为值2,则执行这里的代码块2
        break;
    // 可以添加更多的case分支来处理其他值的情况
    default:
        // 如果表达式的值不匹配任何case分支,则执行这里的代码块3
        break;
}
```

示例代码如下：

```
switch (operator)                                // 加减运算符的选择
{
```

```
        case 1:
            Console.WriteLine("Addition operation");     // 值为1,则执行加法操作
             break;
        case 2:
            Console.WriteLine("Subtraction operation"); // 值为2,则执行减法操作
             break;
        default:
            Console.WriteLine("Input error");             // 若以上都不满足,则输入错误
             break;
}
```

5. 循环结构

C#中的循环结构是指重复执行一段代码块。当满足表达式的条件时,会执行语句块,什么时候条件不满足了,就终止。一般情况下,代码是按顺序执行的,循环结构通常用于处理重复的任务,流程图如图6-40所示。

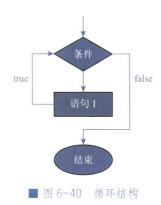

■ 图6-40 循环结构

下面介绍循环结构中的三种常用语句。

(1) while循环语句

while循环是一种基于条件的循环结构,它重复执行代码块,直到条件不再满足为止。该语句的特点是执行循环体之前测试循环条件状态是否为真,语法格式如下:

```
while (条件)
{
    // 重复执行的代码块
}
```

示例代码如下:

```
while (a>b)
{
    a = a - 1;      // 当a>b时,重复执行a自减1
}
```

(2) do…while循环语句

do…while循环是一种先执行代码块再检查条件的循环结构,它与while循环类似,但至少会执行一次代码块,然后根据条件决定是否继续执行,语法格式如下:

```
do
{
    // 重复执行的代码块
} while (条件);
```

示例代码如下:

```
do
{
```

```
        a = a - 1;          // 第一次减1后判断当a>b时，重复执行a自减1
} while (a>b);
```

该示例中无论 a 是否大于 b，a 都会先进行一次减 1 操作然后再进行判断，之后过程与 while 循环相同。

（3）for 循环

for 循环是一种基于计数器的循环结构，一般会执行特定次数的循环操作。它指定一个初始值、一个条件和一个后续值，并在条件为 true 时重复执行代码块，语法格式如下：

```
for (初始值; 条件; 后续值)
{
    // 重复执行的代码块
}
```

示例代码如下：

```
int sum = 0;
for (a=1; a<=100; a++)
{
    sum = sum + a;                                          // 重复执行使得sum每次加a的值
    Console.WriteLine("The sum of 1 to 100 is:" + sum);    // sum的结果为1加到100的和
}
```

使用循环结构可以简化重复任务的编写，提高代码的复用性和可读性。需要注意的是，在使用循环时应该谨慎处理循环条件和终止条件，以避免无限循环或不必要的资源消耗。

 练习题

操作题：

练习读简单的 C# 语言程序。

6.5 如何控制游戏角色

上一节讲解了 C# 语言的基础，本节在 Unity 下编写简单代码对之前的内容进行应用。

 知识点

（1）C# 脚本编程。
（2）Start() 方法。
（3）Update() 方法。

（4）if 语句。

（5）获得组件方法。

（6）获得状态机节点方法。

本节通过编程实现对 6.3 节中角色复合动画的控制。

1. 创建 C# Script 文件

在 Project 面板 Assets 的空白处右击，在弹出的快捷菜单中选择 Create（创建）→ C# Script 命令，创建一个 C# Script 文件，如图 6-41 所示。

将此文件重命名为 runEthan，选中该文件，在 Inspector（检视）面板下可以看到该文件的程序代码，它是 Unity 为用户设计的一个程序模板，里面有脚本编程所需要的最基本的程序代码，如图 6-42 所示。

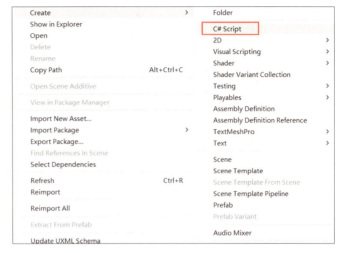

■ 图 6-41　创建 C# Script 文件

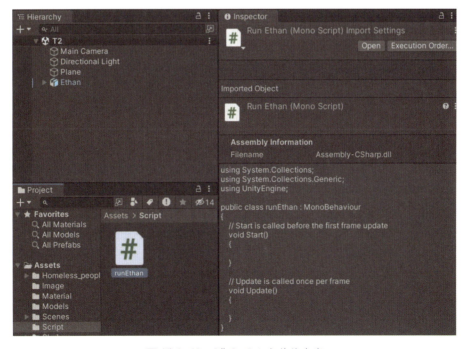

■ 图 6-42　C# Script 文件的内容

可以看到，在 Inspector 面板下的代码是只读的，要想在程序文件中填写和修改代码，需要双击 runEthan 文件，使其在 Visual Studio 2022 程序编辑器中打开，如图 6-43 所示。

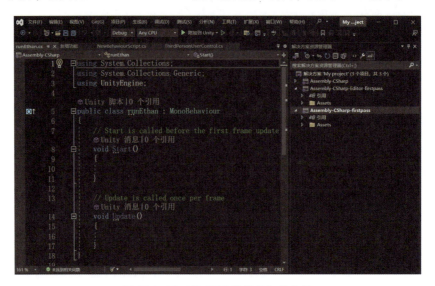

■ 图 6-43　VS 2022 编辑器打开文件

下面对该程序模板作如下解释：

（1）最左边的一列数字，被称为行号，是标记程序的排列序号，不会参与程序运算。

（2）双斜杠"//"后面的文本是程序注释，也不参与程序运算。

（3）第 1 行语句表示，引用 System.Collections（集合）命名空间。

（4）第 3 行语句表示，引用 UnityEngine（Unity 引擎）命名空间。

（5）第 5 行语句表示，创建一个公有的（public）类——runEthan，它继承（:）于 MonoBehaviour 类（所有创建的用于添加到游戏对象上的脚本，都必须继承于 MonoBehaviour 类）。不知您是否发现被创建的类的类名（runEthan）与新建的 C# 脚本文件的文件名（runEthan）是一样的，实际上，新建的 C# 脚本文件实质上是创建了一个类。

（6）第 7 行是注释，提醒程序员"Start 会在第一帧 update 之前调用"。

（7）第 8 行至第 11 行语句是 Start 方法，可在大括号之间写上要写入的初始化语句。

（8）第 13 行也是一个注释，其意思是"Update 是每一帧都要重复执行的"。

（9）第 14 行至第 17 行语句是 Updata 方法，需要每一帧都执行的语句写在其间的大括号中。

（10）第 18 行是上面第 4 行定义的类的结束符号，该类的内容都写在两个大括号之间。

2. 编写动画控制代码

下面通过编程，一步一步实现对 6.3 节中 Ethan 的复合动画的控制。

在上一讲里我们知道，要想控制 Ethan 角色"左、前、右"混合奔跑，只要改变其在动画融合树中设置的变量 Direction 的值即可。步骤如下：

（1）在 runEthan 类中定义一个私有的（private）Animator 类型的变量 animator：

`private Animator animator;`

用于存储所获得的 Animator 组件。

再定义一个公有的（public）浮点型（float）变量 DirectionDampTime，并赋以初值，用于后面的程序使用。

`public float DirectionDampTime=0.25f;`

（2）在 Start 方法中输入如下语句：

`animator=GetComponent<Animator>();`

意思是得到一个 Animator 类型的组件赋给 animator 变量。

（3）在 Updata 方法中写一个判断语句，作用判断程序是否获得了 Animator 组件：

```
if(animator){
}
```

如果 () 中的 animator 为真，说明已经获得了这个 Animator 组件，程序便可以执行 if{} 中的程序代码。

（4）在 if{} 中添加功能程序：

`float horizontal=Input.GetAxis("Horizontal");`

此语句的意思是，获得水平轴的虚拟坐标值，并将其赋给浮点型变量 horizontal。

Unity 允许用户在输入管理器中创建虚拟轴和按钮，并对其进行键盘输入的对话框匹配。具体做法是，单击 Edit（编辑）→ Project Settings（项目设置）→ Input（输入）命令，在 Inspector 面板中展开 Input Manager（输入管理）项，如图 6-44 所示。

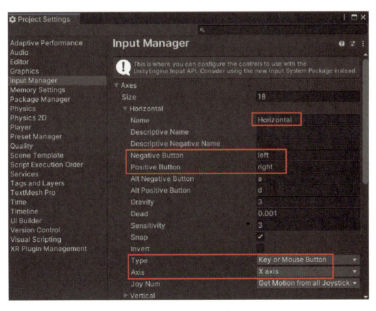

图 6-44　展开选项

Name（名字）项用于在脚本中使用这个轴，即 Horizontal（水平轴）。Negative Button（负按钮）和 Positive Button（正按钮）分别设为 left 和 right，表示按左方向键在负方向上改变水平轴的值、按右方向键在正方向上改变水平轴的值。

Type（类型）项的输入值是 Key or Mouse Button，意思是输入设备是键盘或鼠标；Axis（坐标轴）选用的是 X axis（X 轴）。

（5）利用 SetFloat 方法，将用键盘改变的水平轴的值赋给 Direction（在动画控制器中设定的变量）：

```
animator.SetFloat("Direction",horizontal,DirectionDampTime,Time.deltaTime);
```

SetFloat 是 Animator 的一个方法，由于 animator 被定义成 Animator 类型的变量，所以 animator 也具有了此方法。该方法可将参数 horizontal 的值赋给 Direction 这个 ID，从而在动画编辑器中 Direction 变量便可获得交互改变，以实现对角色左右跑的控制。其他的两个参数 DirectionDampTime 为允许参数到达值的时间；Time.deltaTime 表示以帧为单位的时间。

此阶段的完整代码如下：

```
runEthan.cs:
using System.Collections;
using System.Collections.Generic;
using UnityEngine;

public class runEthan : MonoBehaviour
{
    private Animator animator;
    public float DirectionDampTime = 0.25f;
    // Start is called before the first frame update
    void Start()
    {
        animator = GetComponent<Animator>();
    }

    // Update is called once per frame
    void Update()
    {
        if (animator)
        {
            float horizontal = Input.GetAxis("Horizontal");
            animator.SetFloat("Direction",horizontal,DirectionDampTime,
Time.deltaTime);
        }
    }
}
```

（6）写完程序之后，保存程序，然后将程序 Project → Assets → runEthan 拖到 Ethan 游戏对象的 Inspector 中（在 Unity 中创建的程序都是组件，需要把它们放到相应的游戏对象上），如图 6-45 所示。

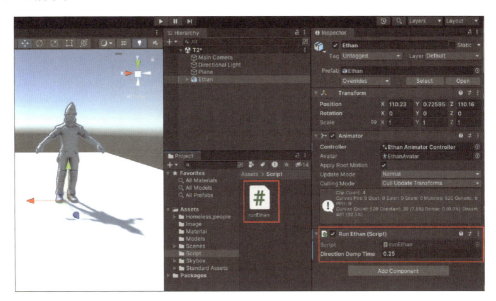

■ 图 6-45　将 runEthan 文件拖入到对象的 Inspector 中

（7）单击"运行"按钮，角色就会向前跑起来，此时如果按【←】键或【→】键角色就会向左或向右转弯跑，如图 6-46 所示。

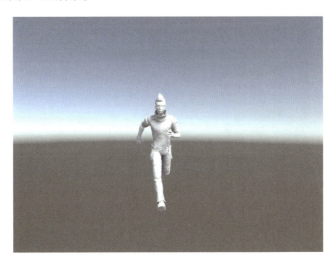

■ 图 6-46　控制角色跑步

到目前为止，我们已可通过按【←】键或【→】键改变状态机 Direction 变量的值，从而调用向左跑、向右跑的动画状态，实现对角色对象跑动的控制。

但是，我们的控制还不完整，比如还不能让角色在跑动的过程中随时停下来，再随时跑起来，等等。

3. 编写控制状态机代码

要想实现这样的功能，需要改变动画状态机的实现条件或结构，以及 runEthan 脚本程序。步骤如下：

（1）双击 Project 面板中的 Assets → Ethan Animator Controller 动画控制器，打开动画状态机，然后选中从 Idle 状态到 run 状态的过渡线，然后单击参数面板中的"+"号创建一个 Bool 类型的变量 key，作为过渡线使用的条件，如图 6-47 所示。

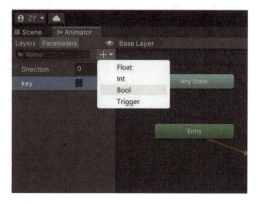

■ 图 6-47　创建一个 Bool 类型的变量 key

（2）单击 Inspector 面板→ Conditions（条件）下的"+"号添加 key 变量，并将其值定义为 true，如图 6-48 所示。

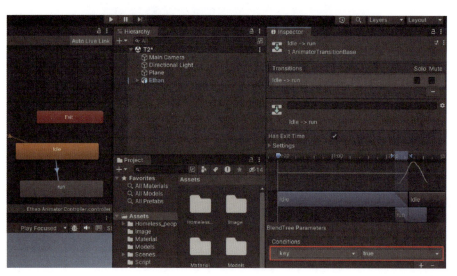

■ 图 6-48　将 key 值定义为 true

（3）从 run 动画结点到 Idle 动画结点创建一个过渡线，并将此过渡线的 key 值设为 false，如图 6-49 所示。

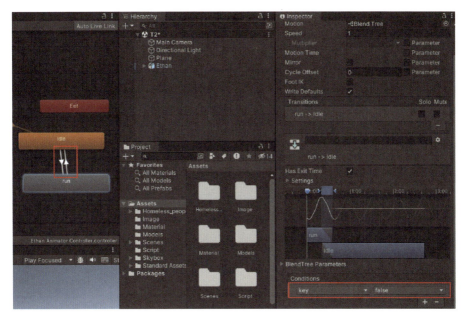

■ 图 6-49　创建从 run 到 Idle 的过渡线，并将 key 值设为 false

（4）打开 runEthan 程序，将下列代码添加到 if(animator){} 中：

```
AnimatorStateInfo stateInfo=animator.GetCurrentAnimatorStateInfo(0);
if (stateInfo.IsName("Idle"))
{
    if (Input.GetKeyDown(KeyCode.UpArrow))
    {
        animator.SetBool("key", true);
    }
}
if (stateInfo.IsName("run"))
{
    if(Input.GetKeyUp(KeyCode.UpArrow))
    {
        animator.SetBool("key", false);
    }
}
```

其中，"AnimatorStateInfo stateInfo=animator.GetCurrentAnimatorStateInfo(0);"的意思是获得当前状态结点的信息。

下列代码的作用是，如果当前的状态结点是 Idel，当按下【↑】键时，将变量 key 的值变成 true，此时角色就会从悬停状态转换成跑的状态。

```
if (stateInfo.IsName("Idle"))
{
    if (Input.GetKeyDown(KeyCode.UpArrow))
    {
```

```
            animator.SetBool("key", true);
        }
    }
```

下列代码的作用是，如果当前的状态结点是 run，当抬起【↑】键时，将变量 key 的值变成 false，此时角色就会从跑的状态转换成悬停状态。

```
if (stateInfo.IsName("run"))
{
    if(Input.GetKeyUp(KeyCode.UpArrow))
    {
        animator.SetBool("key", false);
    }
}
```

从而实现了对角色的悬停、跑、左跑、右跑、停等动作的控制。

以下是 runEthan 程序的完整代码：

```
using System.Collections;
using System.Collections.Generic;
using UnityEngine;

public class runEthan : MonoBehaviour
{
    private Animator animator;
    public float DirectionDampTime = 0.25f;
    // Start is called before the first frame update
    void Start()
    {
        animator = GetComponent<Animator>();
    }

    // Update is called once per frame
    void Update()
    {
        if (animator)
        {
            float horizontal = Input.GetAxis("Horizontal");
            animator.SetFloat("Direction", horizontal, DirectionDampTime, Time.deltaTime);
            AnimatorStateInfo stateInfo = animator.GetCurrentAnimatorStateInfo(0);
            if (stateInfo.IsName("Idle"))
            {
                if (Input.GetKeyDown(KeyCode.UpArrow))
                {
                    animator.SetBool("key", true);
                }
            }
            if (stateInfo.IsName("run"))
```

```
                {
                    if(Input.GetKeyUp(KeyCode.UpArrow))
                    {
                        animator.SetBool("key", false);
                    }
                }
            }
        }
}
```

练习题

操作题：

用代码控制边跑边跳的复合动画，使其在跑的过程中由用户控制起跳的时间。

6.6 如何制作游戏的基本元素

前面的章节讲解了 Unity 中多个方面的内容，本节就将之前内容进行拓展，制作一个简单的游戏。

知识点

（1）刚体。
（2）碰撞器。
（3）键盘交互。
（4）鼠标交互。
（5）碰撞检测。

一款游戏若能玩起来，必须具备以下几个基本元素：
（1）有角色活动的场景。
（2）有玩家控制的角色。
（3）有其他角色与玩家控制的角色互动。
本节通过一个游戏来介绍这几个基本元素的制作。
将上一讲实现的角色奔跑控制做成预制件拖入之前有房屋的自然场景当中，如图 6-50 所示。

■ 图 6-50　将角色拖入到自然场景中

对本讲要实现的游戏做一个简单的策划，分为以下几部分：

（1）该游戏有两个角色，一个角色是 Ethan，由玩家控制其奔跑和打斗，作用是利用自己的武功去保卫王宫（场景中的房屋）；另一个角色是老鼠王，它是破坏者，遇到王宫就用镐头刨，遇到 Ethan 也会对其进攻。

（2）为了能在场景中自然运动，Ethan 角色身上需要加一个 Rigidbody（刚体）组件，因为在 Rigidbody 组件的属性中有一个选项 Use Gravity（使用重力），选中该选项，其游戏对象就会表现出感应重力的效果，如果角色离开地面一定的高度，就会自动向下掉，直至具有碰撞器的地面接住。

（3）选择 Hierarchy（层级）面板中的 Ethan，单击 Component → Physics → Rigidbody 命令，为 Ethan 添加一个刚体，然后在 Inspector 面板中对从此角色的 X 轴和 Z 轴旋转进行锁定，从此 Ethan 可以脚踏实地地奔跑了，同时这也为将来的碰撞检测做好了准备，如图 6-51 所示。

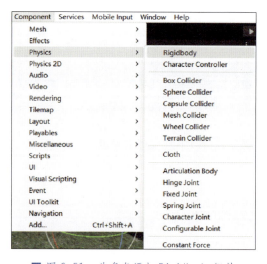

■ 图 6-51　为角色添加 Rigidbody 组件

（4）为了角色之间的互动，需要碰撞检测方法，即当两个角色相遇时，角色能够感知到对方。为此，需要在角色身上添加一个碰撞器组件，它可以感知到与其他带有碰撞器的角色相碰的结果。

这里选择 Capsule Collider（胶囊碰撞器）组件作为此角色身上的碰撞器：

选择 Hierarchy 面板中的 Ethan，单击 Component → Physics → Capsule Collider（胶囊碰撞器）命令，为角色添加了碰撞器，调整其参数，使其正好套住角色。

（5）把 Ethan 做成第三人称控制器的形式，以便于玩家的操作。为此创建一个摄像机，调整好位置和角度，并将其拖入 Hierarchy 面板中的 Ethan 文件夹，使其成为角色的一部分，让我们的视角跟随 Ethan 运动。

（6）为了增加 Ethan 的打斗功能，需要对 Ethan 的角色控制器（Ethan Animator Control）添加一个打斗的动画状态，并对代码 runEthan.cs 进行改造，即在 if(stateInfo.IsName("Idle")){} 判断语句体中加入如下代码：

```
if(Input.GetMouseButtonDown(0))
{
animator.Play("fight",0,0);
}
```

意思是，如果按下鼠标左键，animator 将调用 Play（播放）的方法，使其播放 fight 动画。程序运行时，单击鼠标左键，Ethan 就会打斗起来。对于此项设置，角色必定要打斗一组拳才能停止。

（7）为了使 Ethan 的打斗动作随时都可以停下来，需要在 Ethan Animator Control 中添加一个从 fight 状态结点到 Idle 状态结点的过渡线，并设立 Bool 变量 mouseD=false，而其中 fight 的动画可通过之前章节中的打斗动画 ani01 实现，如图 6-52 所示。

■ 图 6-52 添加 fight 状态结点到 Idle 状态结点过渡线

（8）在脚本文件 runEthan.cs 的 if（animator）{} 中添加脚本：

```
if (stateInfo.IsName("fight"))
{
    if (Input.GetMouseButtonUp(0))
    {
        animator.SetBool("mouseD", false);
    }
}
```

意思是，如果当前处在 fight 动画状态，同时又抬起鼠标左键时，其 mouseD 的值为 false，从而动画状态机跳到 Idle 状态结点，使 Ethan 的打斗停下来。

以下是控制 Ethan 交互的 C# 文件完整代码：

```
using System.Collections;
using System.Collections.Generic;
using UnityEngine;

public class runEthan : MonoBehaviour
{
    private Animator animator;
    public float DirectionDampTime = 0.25f;
    // Start is called before the first frame update
    void Start()
    {
        animator = GetComponent<Animator>();
    }

    // Update is called once per frame
    void Update()
    {
        if (animator)
        {
            float horizontal = Input.GetAxis("Horizontal");
            animator.SetFloat("Direction", horizontal, DirectionDampTime, Time.deltaTime);
            AnimatorStateInfo stateInfo = animator.GetCurrentAnimatorStateInfo(0);
            if (stateInfo.IsName("Idle"))
            {
                if (Input.GetKeyDown(KeyCode.UpArrow))
                {
                    animator.SetBool("key", true);
                }
                if (Input.GetMouseButtonDown(0))
                {
                    animator.Play("fight", 0, 0);
                }
            }
            if (stateInfo.IsName("run"))
            {
```

```
                if(Input.GetKeyUp(KeyCode.UpArrow))
                {
                    animator.SetBool("key", false);
                }
            }
            if (stateInfo.IsName("fight"))
            {
                if (Input.GetMouseButtonUp(0))
                {
                    animator.SetBool("mouseD", false);
                }
            }
        }
    }
}
```

（9）下面导入老鼠王的模型，并将其拖入场景中成为一个游戏对象，同时为老鼠王建立动画控制器 Ratkin Animator Control 和 C# 脚本控制文件 walkRatkin.cs。

先来看看老鼠王的动画控制器 Ratkin Animator Control，如图 6-53 所示。

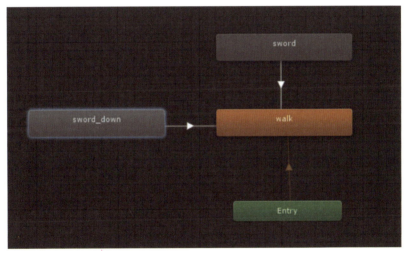

■ 图 6-53　老鼠王的动画状态机

从初始状态直接过渡到行走的状态（walk），并在状态机中加入两个动作状态：一个是 sword（用镐头横扫，用于与 Ethan 搏斗），另一个是 sword_down（用镐头竖劈，用于击打王宫）。

其中，从 sword 到 walk 的过渡条件是 leave=true，即当老鼠王与 Ethan 分开时，便会跳到 walk 状态结点处，变成独自行走。

同样，从 sword_down 到 walk 的过渡条件是 leave=true，即当老鼠王与王宫分开时，便会跳到 walk 状态结点处，变成独自行走。

下面是老鼠王的完整控制代码，其 // 部分是对关键语句的解释：

```csharp
using System.Collections;
using System.Collections.Generic;
using UnityEngine;

public class walkRatkin : MonoBehaviour
{
    public float speed = 1f;      // 定义了一个公有的浮点型变量 speed，并赋值为 1
    private Animator animator;

    void Start()
    {
        animator = GetComponent<Animator>();
    }

    void Update()
    {
        transform.Translate(0, 0, Time.deltaTime * speed);     // 老鼠王行走的位移
    }
    // 是碰撞入检测方法
    void OnCollisionEnter(Collision other)
    {
        // 如果老鼠王碰撞的是 Ethan，则调用老鼠王水平挥镐的动画
        if (other.gameObject.name == "Ethan")
        {
            animator.Play("sword", 0, 0);
        }
        // 如果老鼠王碰撞的是王宫，则调用老鼠王上下挥镐的动画
        if (other.gameObject.name == "Cube")
        {
            animator.Play("sword_down", 0, 0);
        }
    }
    // 如果老鼠王与 Ethan 分开，便停止挥镐，并独自走开
    // 如果老鼠王与王宫分开，便停止挥镐，并独自走开
    void OnCollisionExit(Collision other)
    {

        if (other.gameObject.name == "Ethan")
        {
            animator.SetBool("leave", true);
        }
        if (other.gameObject.name == "Cube")
        {
            animator.SetBool("leave", true);
        }
    }
}
```

将此程序挂到老鼠王的身上，运行此工程，便可以看到老鼠王的行走和碰撞打斗的动作。

自此，本讲实现了对游戏基本元素的练习。读者可以模仿本书的介绍实例做一个小游戏的初期设计。但要想完成一个上线的游戏，还有许多开发技术要学习，我们将在后续的出版物中继续进行讲解。感谢您的阅读，请多提宝贵意见！

练习题

操作题：

构造一个由两个角色组成的小游戏，当它们接近时实现碰撞检测。

参 考 文 献

[1] 马遥，陈虹松，林凡超. Unity 3D 完全自学教程 [M]. 北京：电子工业出版社，2019.

[2] 张尧. Unity 3D 从入门到实战 [M]. 北京：中国水利水电出版社，2021.

[3] 宣雨松. Unity 3D 游戏开发 [M]. 北京：人民邮电出版社，2023.

[4] 药师寺国安. Unity 实战技巧精粹：290 秘技大全 [M]. 晋清霞，译. 北京：中国青年出版社，2023.

[5] 吴雁涛，叶东海，赵杰. Unity 2020 游戏开发快速上手 [M]. 北京：清华大学出版社，2021.

[6] 张忠喜，廖一庭. Unity 插件宝典 [M]. 北京：中国铁道出版社，2019.

[7] 邦德. 游戏设计、原型与开发：基于 Unity 与 C# 从构思到实现：第 2 版 [M]. 姚待艳，刘思嘉，张一淼，译. 北京：电子工业出版社，2020.

[8] 德斯佩恩. 游戏设计的 100 个原理 [M]. 肖心怡，译. 北京：人民邮电出版社，2015.

[9] 费隆. Unity 和 C# 游戏编程入门：第 5 版 [M]. 王冬，殷崇英，译. 北京：清华大学出版社，2022.

[10] 杜亚南. 新印象 Unity 2020 游戏开发基础与实战 [M]. 北京：人民邮电出版社，2021.

[11] 金玺曾. Unity 3D\2D 手机游戏开发：从学习到产品 [M]. 4 版. 北京：清华大学出版社，2019.